高等学校计算机专业系列教材

Java语言程序设计
上机教程

李　莉　编著

清华大学出版社
北　京

内 容 简 介

Java 语言是面向对象的、跨平台的、支持分布式和多线程的优秀编程语言。本书是 Java 语言程序设计的上机指导教程，以 Java SE 8 为平台，从解决实际问题、多学科交叉问题和复杂工程问题等三个角度为切入点，由浅入深、循序渐进地进行实践案例的设计。

全书共设计 13 次实验。实验 0 介绍了 Java 开发环境和程序调试技术；实验 1～实验 11 分别为 Java 运行初步、顺序结构程序设计、分支结构程序设计、循环结构程序设计、类与对象、数组、常用类的使用、继承与多态、异常处理、输入输出流、集合类的使用；实验 12 设计了 5 个综合设计案例。

本书实验 1～实验 11 中的每个实验均划分了多个知识点；每个知识点都设计了练习题和自测题；每个实验均设计了对应的综合练习。从练习题、自测题、综合练习题到综合设计案例，难度依次增加，由浅入深逐步提升读者的问题分析及解决能力。所有示例均在 jdk1.8.0_181＋Eclipse Mars Release(4.5.0) 环境下测试通过。

本书可以作为高等院校 Java 程序设计类课程的上机指导教材，也可作为广大工程技术人员和程序设计爱好者的自学教材。

图书在版编目(CIP)数据

Java 语言程序设计上机教程/李莉编著. —北京：清华大学出版社，2022.3
高等学校计算机专业系列教材
ISBN 978-7-302-59997-5

Ⅰ.①J… Ⅱ.①李… Ⅲ.①Java 语言－程序设计－高等学校－教材 Ⅳ.①TP312.8

中国版本图书馆 CIP 数据核字(2022)第 020256 号

责任编辑：龙启铭
封面设计：何凤霞
责任校对：胡伟民
责任印制：宋 林

出版发行：清华大学出版社
   网　　　址：http://www.tup.com.cn，http://www.wqbook.com
   地　　　址：北京清华大学学研大厦 A 座　　　　　邮　　编：100084
   社 总 机：010-83470000　　　　　　　　　　　邮　　购：010-62786544
   投稿与读者服务：010-62776969，c-service@tup.tsinghua.edu.cn
   质量反馈：010-62772015，zhiliang@tup.tsinghua.edu.cn
   课件下载：http://www.tup.com.cn，010-83470236
印 装 者：三河市龙大印装有限公司
经　　销：全国新华书店
开　　本：185mm×260mm　　　　印　　张：20.25　　　　字　　数：505 千字
版　　次：2022 年 4 月第 1 版　　　　印　　次：2022 年 4 月第 1 次印刷
定　　价：59.00 元

产品编号：088624-01

前　言

　　Java 语言是面向对象的、跨平台的、支持分布式和多线程的优秀编程语言,具有极强的扩展性。国内高校在计算机及相关专业广泛开设了 Java 程序设计相关课程。上机实践是学习程序设计语言不可或缺的环节,旨在锻炼学生的实际编程能力,培养学生使用计算机语言解决实际问题的思维习惯和求解能力。本书是结合 Java 语言学习的实际需要和编者多年的教学经验而编写的上机实践教程,也是《Java 语言程序设计》(李莉编著,清华大学出版社 2018 年 8 月出版)的配套上机指导用书。

　　本书的内容编排遵循由浅入深、循序渐进的原则,从实际问题求解入手,在概述 Java 程序开发之后,将 Java 上机内容划分为 Java 运行初步、顺序结构程序设计、分支结构程序设计、循环结构程序设计、类与对象、数组、常用类的使用、继承与多态、异常处理、输入输出流、集合类的使用等 11 个模块。每个模块又细分为多个知识点和该模块综合设计。每个知识点设计有练习题和自测题,其中练习题提供了设计思路分析和代码实现,自测题则对该知识点进行加深扩展、强化训练,并将该知识点应用在实际问题求解中。本书在最后设计了 5 个综合性案例,以培养学生利用计算机知识来解决不同专业问题的意识和能力。

　　本书具有以下特色。

1. 内容编排合理、新颖

　　本书的主体内容编排以“模块”→“知识点”→“案例”三级结构为主线,结构更加细化,学生可以更加高效地针对特定知识点进行练习。本书的最后设置了综合设计案例,以锻炼学生综合应用所学知识解决复杂问题的能力。全书的编排结构如下所示。

2. 案例设计融合不同学科领域问题

　　本书在设计案例时注重融合不同学科的知识,如金融存贷款计算、信息加密、DNA序列分析、材料晶粒演变过程模拟等,有意识地引导学生应用计算机工具来解决特定学科问题,形成学生对专业知识的初步认知和对程序知识工具性的理解,有助于学生能在之后的专业研究和行业工作中,主动、有效地利用计算机相关技术去解决复杂的实际工程问题。

3. 案例设计融入现代信息领域的前沿技术

本书在设计案例时注重融入现代信息领域的前沿技术,如图像卷积运算和空域滤波,中文分词与词频分析,多元线性回归,有意识地引导学生接触先进信息技术,消除学生对于前沿信息技术的神秘感和畏惧感,有利于学生在以后的专业学习和工作中将先进信息技术应用到传统领域中。

4. 综合设计案例提升实践内容的复杂性

本书在最后设计了5个综合设计案例,均具有较强的专业学科知识背景,其求解过程均涉及多个类的设计、较为复杂的计算模型或计算过程,学生需要综合应用课程各模块知识进行整体设计和实现,形成整体性思维和设计的综合能力。

本书中实验0～实验11由李莉编写,实验12由李莉和汪红兵编写。全书由李莉负责审核和统稿。李新宇、宋晏和张磊参与了本书部分案例的编写和全书的校对。

感谢各位审稿专家对于本书的编排给出宝贵意见。本书的编写得到了北京科技大学教材建设经费和全国高等院校计算机基础教育研究会计算机基础教育教学研究项目的资助,在此一并表示感谢。

由于编者水平有限,加之时间仓促,书中难免有疏漏之处,敬请广大读者批评指正。

编　者

2022年2月

目录

实验 7 常用类的使用 /149

Java 程序开发概述

0.1　Java 开发环境简介

开发 Java 程序需要建立 Java 的开发环境,主要包括代码编辑器(Editor)、代码编译器(Compiler)、代码解释器(Interpreter)、代码运行时(Runtime)环境等。其中,编译器负责对 Java 源程序进行编译以生成字节码文件,解释器则负责解释执行字节码文件。Java 开发环境包括核心开发工具(即 JDK)和集成开发环境(Integrated Development Environment,IDE)。

0.2　JDK 核心开发工具

SUN 公司(2009 年被 Oracle 公司收购)提供的 JDK(Java SE Development Kit)是 Java 的标准开发包,提供了编译、运行 Java 程序所需各种工具和资源,包括 Java 的编译器、解释器以及 Java 类库。JDK 是整个 Java 开发环境的核心,没有 JDK 就无法进行 Java 程序的开发工作。

0.2.1　安装 JDK

JDK 的下载是免费的,用户可以从 http://www.oracle.com/technetwork/java/javase/downloads/index.html 页面下载。本书使用 Java SE Development Kit 8 x64 版本,64 位的 Windows 10 操作系统。用户可根据自己的操作系统选择合适的 JDK 版本。

下载的 JDK 安装文件是可执行文件格式(如 jdk-8u181-windows-x64.exe),直接打开启动安装。安装过程可以选择 JDK 的安装路径。此处采用默认设置,将 JDK 安装在 C:\Program Files\Java\jdk1.8.0_181 下。

0.2.2　JDK 根目录结构

JDK 安装目录的结构如图 0-1 所示。

各文件夹的内容如下。

- bin 文件夹:提供 Java 开发工具,如 javac.exe 用于 Java 源程序的编译,java.exe 用于 Java 程序的运行,appletviewer.exe 用于查看 Java Applet 程序,javadoc.exe 用于生成程序说明文档。

图 0-1　JDK 的安装目录

- include 文件夹：提供存放本地方法的 C 语言头文件。
- jre 文件夹：提供 Java 程序的运行时环境，包含 Java 类库、Java 类加载器和 Java 虚拟机(JVM)。运行时环境会加载类文件，以确保 Java 程序可以访问内存和其他系统资源并顺利运行。
- lib 文件夹：提供 Java 应用程序所必需的类库。
- src.zip 压缩文件：包含 Java 中常用类库的源代码以及相应的文档注释。

0.2.3　配置 JDK

　　JDK 安装完毕后，需要进行相应的配置才能使用 JDK 进行 Java 开发。相关的配置都在系统环境变量中进行，这里以 Windows 10 系统中的配置为例。

1. 设置 JAVA_HOME 环境变量

　　在 Windows 10 的"开始"菜单中依次单击"设置"→"系统"→"关于"→"高级系统设置"→"高级"选项卡→"环境变量"，在"系统变量"区域→"新建(W)…"命令，打开"新建系统变量"对话框。设置变量名为"JAVA_HOME"，变量值为 JDK 的安装路径(此处为C:\Program Files\Java\jdk1.8.0_181)。设置结果如图 0-2 所示。

新建系统变量				×
变量名(N):	JAVA_HOME			
变量值(V):	C:\Program Files\Java\jdk1.8.0_181			
浏览目录(D)...	浏览文件(F)...		确定	取消

图 0-2　设置 JAVA_HOME 环境变量

　　新建的环境变量 JAVA_HOME 代表 JDK 的安装路径，以后直接使用％JAVA_HOME％即可引用此安装路径。JAVA_HOME 的新建并非必须的。如果省略此步，则在之后的环境变量 Path 和 CLASSPATH 设置时需要用 JDK 安装路径来替代 JAVA_HOME。

2. 设置 Path 环境变量

在"系统变量"列表中选择环境变量 Path，单击"编辑（I）…"，打开"编辑环境变量"对话框，单击"新建"后，将"%JAVA_HOME%\bin;"添加在环境变量列表中，如图 0-3 所示。

图 0-3 设置 Path 环境变量

此步骤的作用是将 bin 目录导入到环境变量 Path 中，使得 bin 目录下的各开发工具（如编译器 javac.exe、运行器 java.exe 等）能够在命令行窗口中正确执行。

在 JDK 正确安装后以及环境配置之后，需要测试一下环境变量是否配置正确。在命令行窗口中输入 javac -version 命令，正确显示了 JDK 的安装版本，则说明环境变量配置正确，如图 0-4 所示。

图 0-4 测试 Path 环境变量

3. 新建 CLASSPATH 环境变量

在"系统变量"区域单击"新建（W）…"命令，打开"新建系统变量"对话框。设置变量名为 CLASSPATH，变量值为".；%JAVA_HOME%\lib\dt.jar；%JAVA_HOME%

\lib\ tools.jar"。设置结果如图 0-5 所示。

图 0-5　设置 CLASSPATH 环境变量

　　环境变量 CLASSPATH 的作用是为编译器指定搜索类的路径，Java 虚拟机就是通过 CLASSPATH 来寻找类的.class 文件。要想使用已编写好的类（如类库中的类），必须要知道它们的路径，因此需要把 JDK 安装目录下的 lib 子目录中的 dt.jar 和 tools.jar 设置到 CLASSPATH 中，当前目录"."也必须加入该变量中。其中 dt.jar 是关于运行环境的类库，tools.jar 是工具类库。

　　如果使用 JDK1.5 以上的版本，不设置 CLASSPATH 环境变量也可以进行 Java 的编译和运行。

0.2.4　在 JDK 环境中编译和运行 Java 程序

　　以上设置完成后，就可以编写一个简单的 Java 应用程序，通过编译和运行该程序来检测 JDK 的安装和配置是否正确。

　　例如，在 D 盘根目录，使用记事本创建 HelloWorld.java 源程序文件，并输入程序内容，如下所示。

　　例 0-1　HelloWorld.java

```java
import java.io.*;
public class HelloWorld {
    //Display the message "Hello, welcome to Java World!" to the console
    public static void main(String[] args) {
        System.out.println("Hello, welcome to Java World!");
    }
}
```

　　在命令行窗口下进入 D 盘根目录，输入 javac HelloWorld.java 命令后按 Enter 键，进行编译；然后输入 java HelloWorld 命令，再次按 Enter 键，进行 Java 字节码的解释运行，出现运行结果，如图 0-6 所示。

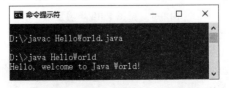

图 0-6　编译和运行 Java 程序

0.3　Java 集成开发环境 Eclipse

Java 集成开发环境为程序员提供了更方便的交互式开发平台,将 Java 程序的编辑、编译、运行与调试及项目管理等一系列工具集成到一个图形用户界面中,更加方便程序的开发。常用的 Java 集成开发环境有 Eclipse、NetBeans、JCreator、IntelliJ IDEA、JBuilder 等,不同的 IDE 有不同的特色,但基本功能大致相同。本书使用 Eclipse 进行程序开发。

Eclipse 是当前最为流行的 Java 集成开发环境,是由 IBM 公司启动开发的一个开源项目,它广泛应用于各种 Java 程序的开发。目前 Eclipse 由非营利软件供应商联盟 Eclipse 基金会(Eclipse Foundation)管理。

0.3.1　安装 Eclipse

用户可以在 Eclipse 主社区 http://www.eclipse.org/downloads/中下载相应版本的 Eclipse 开发工具包。本书使用 Eclipse IDE for Java Developers Eclipse Mars(4.5.0)版本,文件名为 eclipse-java-mars-2-win32-x86_64.zip,解压缩后在 Eclipse 目录下名为 eclipse.exe 的可执行文件就是 Eclipse 主程序,直接运行它即可启动 Eclipse 并进入集成开发环境的图形界面,如图 0-7 所示。

图 0-7　Eclipse 集成开发环境主界面

0.3.2　Eclipse 中程序的组织结构

运行 Eclipse 时首先需要指定工作区(Workspace,为文件系统中的一个目录),该工作区下的所有项目、包、程序等均存放在该目录下。

在工作区下可以创建多个项目(Project);每个项目可以划分为若干个包(Package);

每个包下可以创建多个源程序文件(＊.java),如图0-8所示。

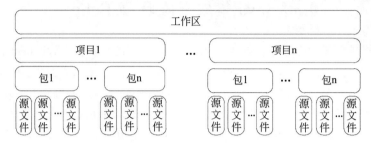

图 0-8　Eclipse 中程序的组织结构

　　基于 Eclipse 开发 Java 程序的过程包括创建 Java 工作区→创建 Java 工程→在工程中创建 Java 包→创建 Java 类→编写 Java 代码→编译 Java 代码→执行 Java 代码等步骤。

0.3.3　Eclipse 中开发 Java 程序

1. 创建工程

　　依次单击菜单 File→New→Java Project,打开 New Java Project 窗口,输入工程名称(此处设为 JavaLab)后直接单击 Finish 按钮即可,如图 0-9 所示。

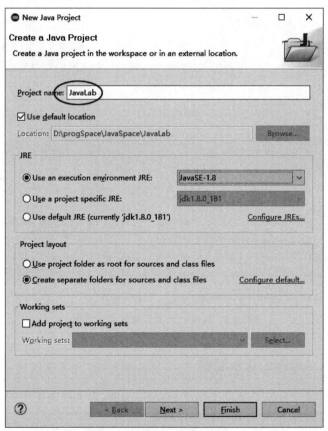

图 0-9　创建 Eclipse 工程

此时在窗口左侧出现刚才创建的工程 JavaLab，如图 0-10 所示。

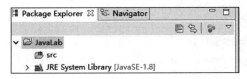

图 0-10　Eclipse 工程的包视图

2. 在工程下创建源程序文件

由于每个 Java 源程序都是类的定义，因此创建源程序文件即是创建 Java 类。依次单击菜单 File→New→Class，打开 New Java Class 窗口，输入类名（此处设为 HelloWorld），勾选 public static void main(String[] args)，直接单击 Finish 按钮即可，如图 0-11 所示。

图 0-11　新建 Java 类

此时工程 JavaLab 下显示了新建的源程序文件 HelloWorld.java，并直接在编辑窗口中打开了该文件。将程序代码写入文件中，如图 0-12 所示。

3. 运行程序

Eclipse 在保存源程序文件时自动编译，单击菜单 Run→Run 即可执行该程序。切换

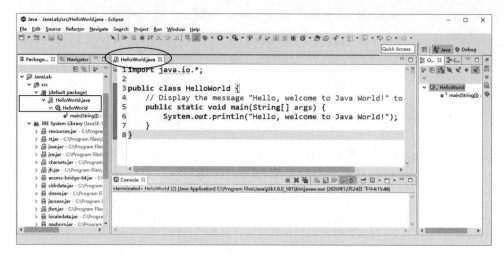

图 0-12　编写代码

到控制台视图即可看到程序执行的结果,如图 0-13 所示。

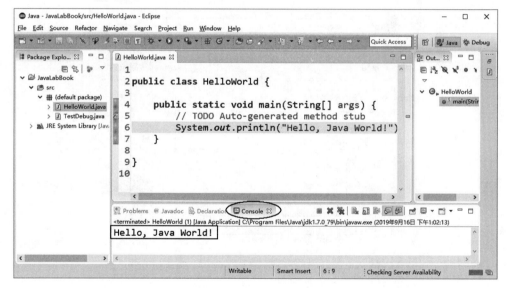

图 0-13　程序运行结果

　　初学者在开始编写 Java 程序时,可采用命令行方式下的 JDK 命令(javac、java 等)来编译和执行程序,以尽快理解和掌握 Java 程序的执行过程。等熟悉该环境后,可尝试在 IDE 环境中编写程序。

0.4　程序调试技术

　　程序调试是软件开发过程中的重要环节,用于诊断和定位程序中存在的各种错误。调试是程序员必须掌握的基本技巧,对于编写高质量程序非常重要。本节主要介绍

Eclipse 下的程序调试方法。

0.4.1　程序调试简介

计算机领域中的程序调试(Debug)一词起源于美国计算机科学家葛丽丝·霍波 (Grace Hopper),她在一次为 IBM 计算机马克 2 号(Mark II)排除故障时,发现一只飞蛾被夹在继电器的触点原件之间,导致计算机无法运行。她诙谐地把计算机故障称为"臭虫"(Bug),把排除程序故障称为"程序调试"。自此之后,计算机领域中查找程序故障的过程就称为程序调试。

无论多么优秀的程序员,在进行程序开发时,都不可避免会遇到这种情况:程序可以顺利地通过编译,但运行后却得不到正确的结果。这意味着程序虽不存在语法错误,但存在逻辑错误,即程序所体现出的逻辑不符合要求,此时需要通过程序调试来查找逻辑错误并修改。

程序调试方法可以分为静态调试和动态调试。

静态调试主要由人工来分析源程序代码和排错,检查程序中的语法规则和逻辑结构的正确性,是主要的调试手段;静态调试过程包括代码检查、静态结构分析、代码质量度量等;实践表明,有很大一部分错误可以通过静态调试来发现。

动态调试则使用开发环境提供的调试工具或调试命令,结合程序运行的具体过程及各变量值的变化,来发现并改正程序中存在的逻辑错误,是最常用的调试方法;动态调试过程包括设置断点、启动调试、跟踪执行等步骤,通过观测程序的状态、对比执行过程中各变量的值和预期值的异同来发现逻辑错误之处。本节主要介绍动态调试。

0.4.2　在 Eclipse 中调试程序

程序调试需要在程序运行过程的某一阶段停下来观测程序的状态。一般情况下程序是连续运行的,因此进行调试的第一项工作就是设置断点,让程序运行至断点处可以暂停下来;然后启动调试模式运行程序;当程序在设立断点处停下来时,观察程序的状态。之后可以控制程序的运行,以进一步观测程序的流向。

下面通过一个简单的 Java 应用程序来说明 Eclipse 的调试过程。该程序用于计算 1~100 的自然数之和,代码如下。

例 0-2　TestDebug.java

```java
public class TestDebug {
    static int num;              // 记录 getSum()方法被调用的次数
    public static void main(String args[]) {
        int s = 0;
        s = getSum(100);
        System.out.println("从 1 累加到 100 的结果是" + s);
        s = getSum(1000);
        System.out.println("从 1 累加到 1000 的结果是" + s);
    }
```

```
static int getSum(int m) {
    num++;                      // 每调用一次,num 自增 1
    int i;                      // 用作临时变量
    int sum = 0;                // 用于存放累加和
    for (i = 0; i <= m; i++)
        sum += i;
    return sum;
    }
}
```

在上例中,getSum()方法用来计算 1 至自然数 m 之和;main()方法中两次调用getSum()方法得到总和并输出结果。

1. 设置断点

所谓断点是调试器设置源程序在执行过程中自动进入中断模式的一个标记,当程序运行到断点时,程序中断执行,进入调试状态。程序运行到断点所在代码行时就会断开挂起,此时该行代码尚未运行,可以手动控制程序的执行过程。

- 行断点(Line Breakpoint)

行断点是最基本的断点,当程序即将执行该行时会暂停挂起。通常把怀疑可能出现问题的行设置为行断点,以便观察程序状态。

Eclipse 中设置行断点的方式有以下几种:在行号处右击→选择 Toggle Breakpoint、在行号处双击、通过菜单栏 Run → Toggle Breakpoint。再次双击或单击 Toggle Breakpoint 则会取消该行断点。

在代码区可以看到添加的行断点,如图 0-14 所示。当鼠标悬浮在行断点标记处时会弹出提示信息:Line breakpoint:TestDebug [line: 6] - main(String[])。

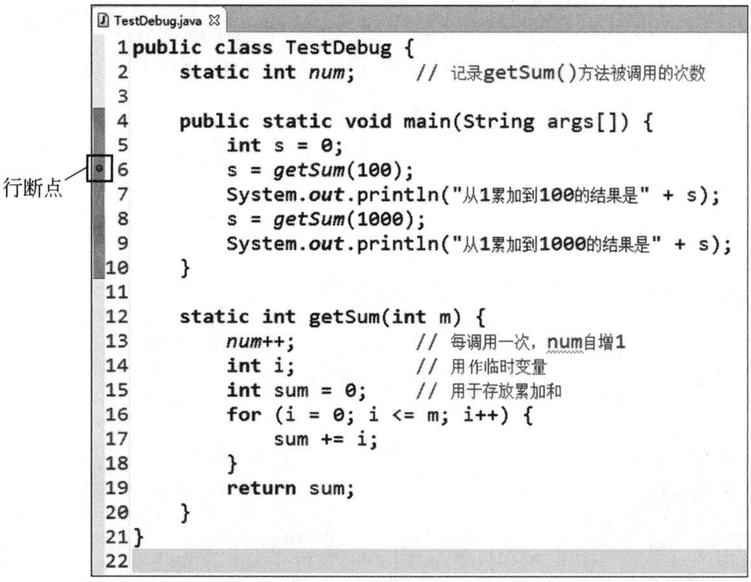

图 0-14　行断点

- 方法断点（Method breakpoint）

方法断点用于在执行或退出某个方法时挂起。在大纲视图中选中需要添加断点的方法后，右击→选择 Toggle Method Breakpoint，即可设置方法断点，如图 0-15 所示。

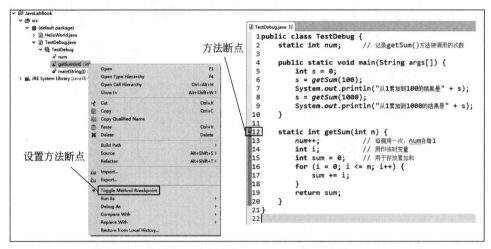

图 0-15　方法断点

在代码区可以看到添加的方法断点。当鼠标悬浮在方法断点标记处时会弹出提示信息：Method breakpoint:TestDebug [entry] - getSum(int)。

可以在方法断点标记处右击→选择 Breakpoint Properties…弹出方法断点的属性设置窗口。此处可以设置进入（Entry）方法时挂起或退出（Exit）方法时挂起，如图 0-16 所示。

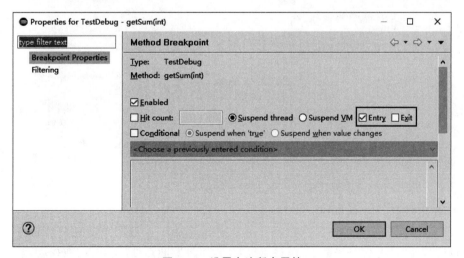

图 0-16　设置方法断点属性

- 观察点（WatchPoint）

观察点也叫字段断点，用于在访问或修改属性值的时候挂起。在大纲视图中选中需要添加断点的属性后,右击→选择 Toggle Watchpoint,即可设置观察点,如图 0-17 所示。

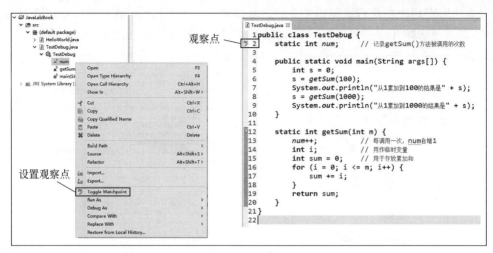

图 0-17　观察点

在代码区可以看到添加的观察点。当鼠标悬浮在观察点标记处时会弹出提示信息:Watchpoint:TestDebug [access and modification] - num。

可以在方法断点标记处右击→选择 Breakpoint Properties…弹出观察点的属性设置窗口。此处可以设置属性被访问时挂起(Access)或被修改时挂起(Modification),如图 0-18 所示。

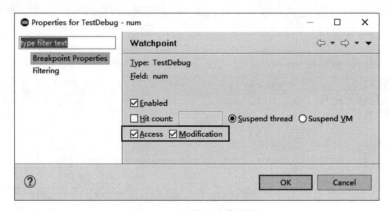

图 0-18　设置观察点属性

- 命中计数(Hit count)

命中计数指的是为某个断点指定一个数字 n,当第 n 次遇到该断点时挂起。命中计数可以应用于行断点、方法断点、观察点等,让程序按照断点处的执行次数挂起,避免重复控制执行过程的麻烦。

在断点标记处右击→选择 Breakpoint Properties…弹出断点的属性设置窗口,选中 Hit count 复选框,在其后的输入框中输入数字的值,即可设置命中计数。如图 0-19 所示,该行断点执行 5 次时程序挂起。

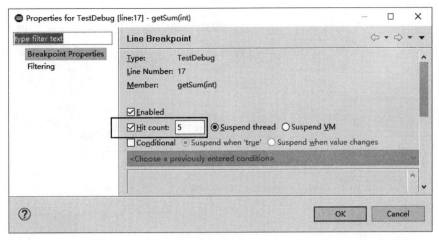

图 0-19 命中计数

在代码区可以看到断点设置的命中计数值。当鼠标悬浮在该断点标记处时会弹出提示信息：Line breakpoint:TestDebug [line: 17] [hit count: 5] - getSum(int)。

- 条件断点

条件断点是为某断点事先设置条件，当执行到该断点且满足条件时程序才会挂起。条件断点也可以应用于行断点、方法断点、观察点等。在断点标记处右击→选择Breakpoint Properties…弹出断点的属性设置窗口，选中 Conditional 复选框，在其下的输入框中输入表示条件的表达式，即可设置条件断点。如图 0-20 所示，当 i＝＝5 时程序挂起。

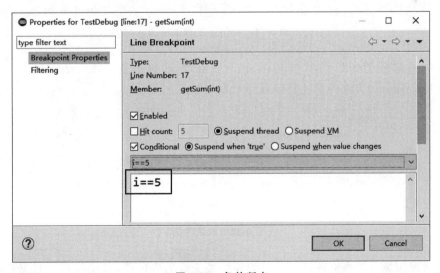

图 0-20 条件断点

在代码区可以看到条件断点。当鼠标悬浮在该条件断点标记处时会弹出提示信息：Line breakpoint:TestDebug [line: 17] [conditional] - getSum(int)。

2. 启动调试

设置好断点之后，可以通过单击工具栏 ⚙️、菜单栏命令 Run→Debug、右键菜单→选择 Debug As →Java Application 来启动调试，此时 Eclipse 自动切换到调试视图，如图 0-21 所示。

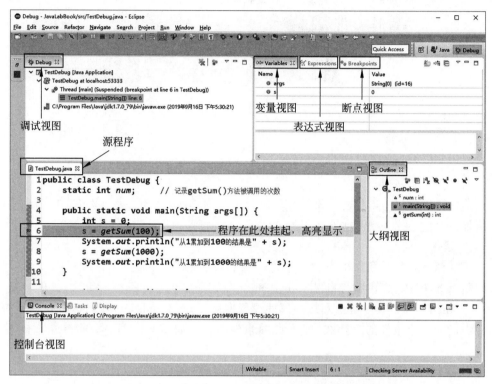

图 0-21　Eclipse 的调试视图

其中调试视图中以树状结构显示了正在调试的进程。图 0-22 显示了在执行 TestDebug.main()方法的第 6 行时遇到断点挂起。

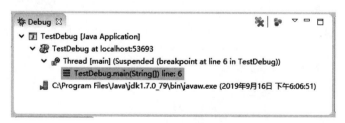

图 0-22　调试视图

变量视图显示了当前调试进程中的各相关变量的当前值，程序员可以根据这些变量的值及其变化过程来判断此处是否存在逻辑错误，如图 0-23 所示。

简单变量的值可以在鼠标悬停其变量名上方时直接显示，如图 0-24 所示。

表达式视图可以在程序运行的时候跟踪 Java 表达式的值，并显示结果。当程序遇到

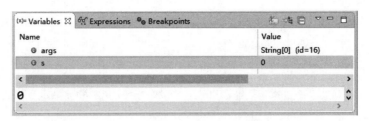

图 0-23   变量视图

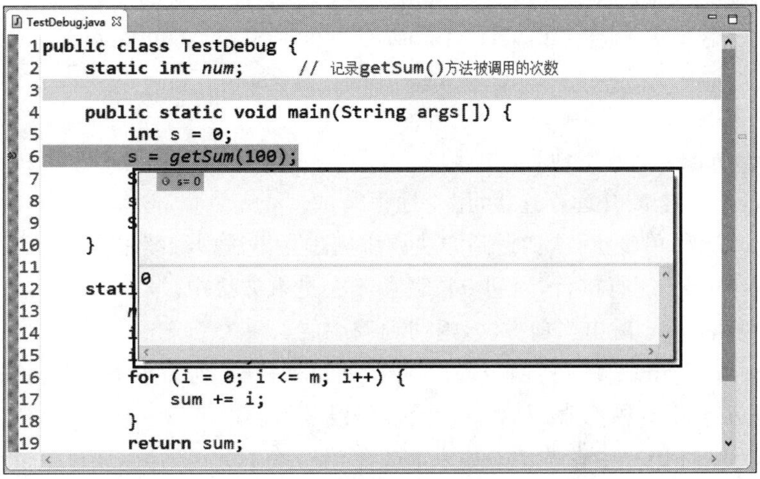

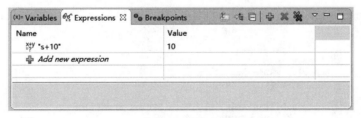

图 0-24   简单变量鼠标悬停

断点挂起时,可以利用表达式视图检查作用域内任何变量的实时值,如图 0-25 所示。

图 0-25   表达式视图

如果上述视图未在调试视图中显示,可以在菜单栏命令 Window→Show View 中单击相应视图的名字,即可出现在调试视图中。

3. 控制程序的运行

程序在断点处挂起后,可以通过调试工具栏来控制程序的执行过程。调试工具栏如图 0-26 所示。

各个按钮的含义如下:

- Skip all breakpoints:跳过所有断点。
- Resume:恢复暂停的线程,继续运行直到下一个断点。
- Suspend:暂挂正在执行的线程。

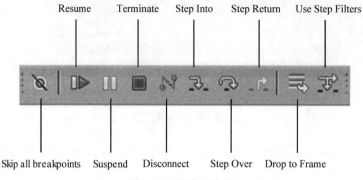

图 0-26　调试工具栏

- Terminate：终止本地程序的调试。
- Disconnect：断开远程连接，用于远程调试。
- Step Into：单步执行，如遇到方法调用则进入方法中继续单步执行。
- Step Over：逐行执行，遇到方法调用不会进入方法中。
- Step Return：跳出当前方法，返回到调用层。
- Drop to Frame：跳到当前方法的开始处重新执行，所有上下文变量的值也恢复至方法被调用时的初值，方便对特定代码段进行多次调试。
- Use Step Filters：在调试时如果需要忽略一些不关注的类，通过该按钮进行过滤。

此处以例 0-2 中的程序为例，介绍如何通过调试来控制程序的执行过程。程序中第 6 行设置了行断点，第 17 行设置了条件断点，条件是 sum==21。

以下将详细显示调试的具体过程。

① 单击 Debug 按钮，启动调试，程序在第 6 行断点处停下。此时代码界面和变量视图如下。

```java
public class TestDebug {
    static int num;         // 记录getSum()方法被调用的次数

    public static void main(String args[]) {
        int s = 0;
        s = getSum(100);
        System.out.println("从1累加到100的结果是" + s);
        s = getSum(1000);
        System.out.println("从1累加到1000的结果是" + s);
    }

    static int getSum(int m) {
        num++;              // 每调用一次，num自增1
        int i;              // 用作临时变量
        int sum = 0;        // 用于存放累加和
        for (i = 0; i <= m; ) {
            sum += i;
            i++;
        }
        return sum;
    }
}
```

Name	Value
args	String[0] (id=16)
s	0

② 单击 Step Into 按钮 ，进入 getSum()单步执行，可以如下通过变量视图实时观察变量值的变化。

```java
1 public class TestDebug {
2     static int num;        // 记录getSum()方法被调用的次数
3
4     public static void main(String args[]) {
5         int s = 0;
6         s = getSum(100);
7         System.out.println("从1累加到100的结果是" + s);
8         s = getSum(1000);
9         System.out.println("从1累加到1000的结果是" + s);
10    }
11
12    static int getSum(int m) {
13        num++;             // 每调用一次，num自增1
14        int i;             // 用作临时变量
15        int sum = 0;       // 用于存放累加和
16        for (i = 0; i <= m; ) {
17            sum += i;
18            i++;
19        }
20        return sum;
21    }
22 }
23
```

Name	Value
m	100

③ 单击 Resume 按钮 ，如下执行到第 17 行条件断点处停下。

```java
1 public class TestDebug {
2     static int num;        // 记录getSum()方法被调用的次数
3
4     public static void main(String args[]) {
5         int s = 0;
6         s = getSum(100);
7         System.out.println("从1累加到100的结果是" + s);
8         s = getSum(1000);
9         System.out.println("从1累加到1000的结果是" + s);
10    }
11
12    static int getSum(int m) {
13        num++;             // 每调用一次，num自增1
14        int i;             // 用作临时变量
15        int sum = 0;       // 用于存放累加和
16        for (i = 0; i <= m; ) {
17            sum += i;
18            i++;
19        }
20        return sum;
21    }
22 }
23
```

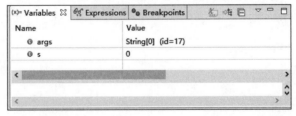

④ 单击 Step Return 按钮 ,返回到第 6 行调用语句。此时如下变量视图中变量 s 的值尚未发生变化。

```java
public class TestDebug {
    static int num;        // 记录getSum()方法被调用的次数

    public static void main(String args[]) {
        int s = 0;
        s = getSum(100);
        System.out.println("从1累加到100的结果是" + s);
        s = getSum(1000);
        System.out.println("从1累加到1000的结果是" + s);
    }

    static int getSum(int m) {
        num++;              // 每调用一次，num自增1
        int i;              // 用作临时变量
        int sum = 0;        // 用于存放累加和
        for (i = 0; i <= m; ) {
            sum += i;
            i++;
        }
        return sum;
    }
}
```

(x)= Variables ⊠	Expressions	Breakpoints			
Name	**Value**
args	String[0] (id=17)
s	0

⑤ 单击 Step Over 按钮 ,执行一行至第 7 行。此时变量视图中变量 s 的值发生如下变化,即 getSum()方法返回值为 5050。

```java
public class TestDebug {
    static int num;        // 记录getSum()方法被调用的次数

    public static void main(String args[]) {
        int s = 0;
        s = getSum(100);
        System.out.println("从1累加到100的结果是" + s);
        s = getSum(1000);
        System.out.println("从1累加到1000的结果是" + s);
    }

    static int getSum(int m) {
        num++;              // 每调用一次，num自增1
        int i;              // 用作临时变量
        int sum = 0;        // 用于存放累加和
        for (i = 0; i <= m; ) {
            sum += i;
            i++;
        }
        return sum;
    }
}
```

```
(x)= Variables ⊠  6X Expressions  • Breakpoints

Name                                          Value
   • args                                       String[0]  (id=16)
   • s                                          5050
```

⑥ 单击 Step Over 按钮，如下执行一行至第 8 行。

```
TestDebug.java ⊠   StreamEncoder.class
 1 public class TestDebug {
 2     static int num;        // 记录getSum()方法被调用的次数
 3
 4     public static void main(String args[]) {
 5         int s = 0;
 6         s = getSum(100);
 7         System.out.println("从1累加到100的结果是" + s);
 8         s = getSum(1000);
 9         System.out.println("从1累加到1000的结果是" + s);
10     }
11
12     static int getSum(int m) {
13         num++;            // 每调用一次，num自增1
14         int i;            // 用作临时变量
15         int sum = 0;      // 用于存放累加和
16         for (i = 0; i <= m; ) {
17             sum += i;
18             i++;
19         }
20         return sum;
21     }
22 }
23
```

```
(x)= Variables ⊠  6X Expressions  • Breakpoints

Name                                          Value
   • args                                       String[0]  (id=17)
   • s                                          5050
```

⑦ 单击 Step Over 按钮，如下执行一行至第 9 行。此时流程不再进入 getSum()中。

```
TestDebug.java ⊠   StreamEncoder.class
 1 public class TestDebug {
 2     static int num;        // 记录getSum()方法被调用的次数
 3
 4     public static void main(String args[]) {
 5         int s = 0;
 6         s = getSum(100);
 7         System.out.println("从1累加到100的结果是" + s);
 8         s = getSum(1000);
 9         System.out.println("从1累加到1000的结果是" + s);
10     }
11
12     static int getSum(int m) {
13         num++;            // 每调用一次，num自增1
14         int i;            // 用作临时变量
15         int sum = 0;      // 用于存放累加和
16         for (i = 0; i <= m; ) {
17             sum += i;
18             i++;
19         }
20         return sum;
21     }
22 }
23
```

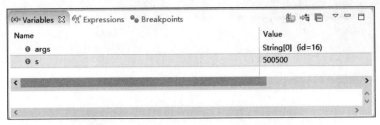

⑧ 单击 Resume 按钮 ，再无断点，因此执行到程序结束。

在调试过程中，Step Into、Step Over、Step Return 和 Resume 是最常用的调试命令，读者务必要掌握其用法。

小结

本章主要介绍了 Java 的常用开发环境、JDK 的安装配置、Eclipse 下的程序开发流程，以及程序调试的基本概念和 Eclipse 环境下的程序调试方法。本章内容是进行 Java 编程开发的必备基础，而程序调试是后期 Java 开发的有力工具。

Java 运行初步

实验目的

（1）掌握命令行方式和 Eclipse 环境下 Java 程序的开发过程，包括源程序的编辑、编译和运行。

（2）了解 Java 语言的基本特点，掌握 Java 程序的基本结构。

（3）了解不同类型的 Java 程序及常见应用领域。

1.1　简单数据处理示例

练习题 1-1：三角函数求值

【内容】

计算 40°的正弦、余弦和正切值。

【思路】

定义变量 angle 存放角度值，变量 sin、cos 和 tan 分别存放正弦、余弦和正切的值；调用 Math 类的 sin()、cos()和 tan()方法分别计算角的正弦、余弦和正切值。注意要先将角度值转为弧度值。

【程序代码】

```java
public class TrigonometricFunction {
    public static void main(String[] args) {
        // 定义变量
        double angle, sin, cos, tan;
        // 变量赋值,并转换为弧度值
        angle = 40 * Math.PI / 180;
        // 计算三角函数值
        sin = Math.sin(angle);
        cos = Math.cos(angle);
        tan = Math.tan(angle);
        // 输出结果
        System.out.println("sin(40)=" + sin);
        System.out.println("cos(40)=" + cos);
        System.out.println("tan(40)=" + tan);
    }
}
```

【运行结果】

```
sin(40)=0.6427876096865393
cos(40)=0.766044443118978
tan(40)=0.8390996311772799
```

【思考】

（1）源文件名可以修改为其他名称吗？

（2）将 String、System 的首字母改为小写，编译源程序，看情况如何。

（3）将 System 某行中的分号去掉，编译源程序，看情况如何。

请了解常见的语法错误类型及其解决方法。

自测题 1-1：基本算术运算

【内容】

计算 123456 和 87654321 这两个数的和、差、积、商并分别输出计算结果。

1.2   输入输出示例

练习题 1-2：输入与输出

【内容】

在显示器上输出用户输入的数据。

【思路】

输入输出是程序的基本操作。在 Java 中常用 Scanner 类实现数据的输入，用
System.out.println()实现数据的输出。输入前需要定义一些变量来接收并存储用户输
入的数据。

【程序代码】

```java
import java.util.Scanner;
public class IOExample {
    public static void main(String[] args) {
        // 定义变量
        int i; double d; String str;
        // 创建 Scanner 对象来实现数据的输入
        Scanner scn = new Scanner(System.in);
        System.out.println("please input an integer, a real and a string:");
        i = scn.nextInt();
        d = scn.nextDouble();
        str = scn.next();
        scn.close();
        // 输出数据
```

```
        System.out.print("You've input: " +i +", " +d +", " +str);
    }
}
```

【运行结果】

```
please input an integer, a real and a string:
5↙
123.456↙
hello java↙
You've input: 5, 123.456, hello java
```

【提示】

Scanner 类的 nextXXX()方法可以接收各种类型的数据,如 next()、nextBoolean()、nextByte()、nextDouble()、nextFloat()、nextInt()、nextLong()、nextShort()、String nextLine()。请修改程序进行尝试。

自测题 1-2:输入数据进行计算

【内容】

输入角度的值,计算该角的正弦、余弦和正切值并输出。

1.3　字符串处理示例

练习题 1-3:提取文件名

【内容】

提取字符串 e:\myfile\txt\result.txt 中的文件名 result.txt。

【思路】

字符串是信息处理的常见对象。Java 的 String 类实现了对字符串的各种操作。此处要提取字符串中的信息,可以先确定子串位置,然后调用 substring()方法截取。

【程序代码】

```java
public class StringExample {
    public static void main(String[] args) {
        // 定义存放字符串和子串的对象
        String str ="e:\\myfile\\txt\\result.txt";
        String sub;
        // 确定最后一个路径分隔符\的位置
        int idx =str.lastIndexOf('\\');
        // 截取子串
        sub = str.substring(idx+1);
        // 输出结果
```

```
        System.out.println("file name: "+sub);
    }
}
```

【运行结果】

```
file name: result.txt
```

自测题 1-3：提取目录

【内容】

提取字符串 e:\myfile\txt\result.txt 中的文件所在的根目录。

1.4　简单类的设计示例

练习题 1-4：圆形类

【内容】

定义一个 Circle 类表示圆，它具有圆心横坐标、纵坐标和圆半径等属性，以及构造方法、面积计算方法和打印输出方法。创建一个 Circle 对象并调用以上方法。

【思路】

类是对相同对象的抽象，具有属性、方法、构造方法等成员。依照题意，Circle 类中定义 3 个属性、2 个构造方法、2 个普通方法。可在另一个公共类中创建对象。

【程序代码】

```
class Circle {            // 定义 Circle 类
    double x, y;          // 属性：圆心的坐标(x, y)
    double r;             // 属性：圆的半径
    // 构造方法，用以创建 Circle 对象
    public Circle(double x1, double y1, double r1) {
        this.x =x1;
        this.y =y1;
        this.r =r1;
    }
    public Circle(double r1) {
        this(0, 0, r1);
    }
    public double getArea()           // 计算当前圆的面积{
        double area =3.1415926 * r * r;
        return area;
    }
    public void print(){              // 输出当前圆的信息
```

```
            System.out.println("center:(" +x +"," +y +")  radius=" +r);
        }
    }
    public class ClassExample {
        public static void main(String[] args) {
            // 创建对象 c1
            Circle c1 =new Circle(1, 1, 5);
            // 调用对象 c1 的 print()输出信息
            c1.print();
            // 调用对象 c1 的 getArea()计算并输出其面积
            System.out.println("area =" +c1.getArea());
        }
    }
```

【运行结果】

```
center:(1.0,1.0)  radius=5.0
area =78.539815
```

【思考】

（1）在资源管理器中观察项目文件夹下的文件,看看此文件产生几个 Java 类(以.class 文件的个数为依据)。

（2）当一个文件中存在多个 Java 类时,源文件的命名标准是什么?

（3）理解"主类"的概念。

（4）在 Circle 中增加 getPerimeter()方法,用于计算圆的周长。

自测题 1-4：矩形类

【内容】

编写一个矩形类 Rectangle,给定矩形的长、宽,计算该矩形的周长,并打印输出。

1.5 简单图形界面程序示例

练习题 1-5：GUI 处理名字

【内容】

实现一个图形界面程序,根据用户输入的名字,输出欢迎信息。

【思路】

Java 的图形界面程序常由 Frame 窗体实现。依照题意,创建窗体,加入标签组件和文本框组件,并为输入组件注册监听器,将欢迎信息的内容显示在文本框中。

【程序代码】

```
import java.awt.*;
```

```
import java.awt.event.*;
public class GUIExample
{   //定义主类
    public static void main(String[] args) {
        System.out.println("GUI 处理名字");
        new GUIFrame();              // 主类中创建 GUIFrame 对象,即创建窗体
    }
}
class GUIFrame extends Frame implements ActionListener
{    //定义窗体类
    Label prompt;               // 1 个标签组件
    TextField input, output;    // 2 个文本框组件
    public GUIFrame() {         // 构造方法
        super("GUI Example"); // 设置窗体标题
        prompt = new Label("请输入您的名字:");   // 设置标签内容
        input = new TextField(10);
        output = new TextField(25);
        setLayout(new FlowLayout());
        // 在窗体中添加 3 个组件
        add(prompt);
        add(input);
        add(output);
        // 设置 input 文本框中的事件由当前对象(当前窗体)处理
        input.addActionListener(this);
        setSize(300, 100);
        setVisible(true);
    }
    // actionPerformed()处理 input 文本框组件产生的事件
    public void actionPerformed(ActionEvent e) {
        //组合 input 文本框中的内容和",欢迎您!",显示在 output 文本框中
        output.setText(input.getText() +",欢迎您!");
    }
}
```

【运行结果】

运行结果如图 1-1 所示。

图 1-1   图形界面程序示例运行结果

自测题 1-5：GUI 处理学号

【内容】

修改上例，将窗体标题设置为"My first GUI"，标签内容修改为"请输入你的学号"，当用户输入学号后，在下侧文本框中显示"您的入学年份为 XXX"。此处规定学号的第 2～3 位为该生的入学年份，如输入为学号"41562139"，则入学年份为"2015"。

1.6 Java 小程序示例

练习题 1-6：Java 小程序示例

【内容】

设计一个 Java 小程序，加载图片并显示欢迎信息。

【思路】

Java 小程序由 Applet 类实现。将需要加载的图片文件放至项目的 bin 目录下，并在 Applet 类的 init() 方法中设置好图片的 URL 对象。依照题意，在 paint() 方法中将图片和欢迎信息的内容显示出来。

【程序代码】

```java
import java.applet.*;
import java.awt.*;
import java.net.*;
public class AppletExample extends Applet {
    private Image image;
    private AppletContext context;
    private String imageURL;
    private double width, height;
    public void init() {      // Applet 类的 init() 方法用于初始化窗口
        this.setSize(500,550);                    // 设置窗口大小
        this.setBackground(Color.lightGray);     // 设置窗口背景色
        context =this.getAppletContext();
        // 获取网页的 image 参数，如果没有，则设为默认值
        imageURL =this.getParameter("image");
        if (imageURL ==null) {
            imageURL ="applet.jpg";
        }
        try {
            URL url =new URL(this.getCodeBase(), imageURL);
            image =context.getImage(url);
            height =image.getHeight(this);
            width =image.getWidth(this);
        }
```

```
        catch (MalformedURLException e) {
            e.printStackTrace();
            context.showStatus("Could not load image!");
        }
    }
    public void paint(Graphics g) { // Applet 类的 paint()方法用于显示窗口
        context.showStatus("Displaying image...");
        g.drawImage(image, 10, 10, null);
        g.setColor(Color.red);
        g.drawString("Hello, this is my first Applet!", 10, 500);
    }
}
```

【运行结果】

运行结果如图 1-2 所示。

图 1-2　Java 小程序示例运行结果

顺序结构程序设计

实验目的

(1) 掌握 Java 程序输入输出的常用方法。

(2) 掌握各类运算符的应用,特别是字符串连接运算符。

(3) 掌握数据类型的转换规则和应用。

(4) 掌握顺序结构程序设计方法。

2.1   数据的输入与输出

练习题 2-1:I/O 示例

【内容】

从键盘输入一个名字和年龄,输出"我是＊＊＊,我＊＊岁,我想去看世界"。

【思路】

输入数据通常使用 Scanner 类,调用 Scanner 类的 nextXXX()可以读入各种类型的数据。输入的名字应存放在字符串对象中,输入的年龄可存放在整型变量中。输出可以使用函数 System.out.println()或 System.out.printf(),输出的内容应使用字符串连接运算符连接起来。

【程序代码】

```
import java.util.Scanner;
public class BasicIO {
    public static void main(String[] args) {
        String name;
        int age;
        Scanner sc =new Scanner(System.in);
        System.out.printf("请输入你的姓名:");
        name =sc.nextLine();      // 读入一个字符串
        System.out.printf("请输入你的年龄:");
        age =sc.nextInt();          // 读入一个整数
        sc.close();
        System.out.println("我是" +name +",我" +age +"岁,我想去看世界");
    }
}
```

【运行结果】

> 请输入你的姓名：<u>xiaoming</u>↙
> 请输入你的年龄：<u>20</u>↙
> 我是 xiaoming，我 20 岁，我想去看世界

【思考】

（1）如何使用 System.out.printf() 函数来实现输出？

（2）age 变量可以定义为 byte 类型吗？请尝试修改程序。

自测题 2-1：输入个人信息

【内容】

从键盘依次输入某人的名字、年龄和工资，输出"姓名：XXX，年龄：YYY，工资：ZZZ"。

2.2　算术运算符的应用

练习题 2-2：计算弧长

【内容】

输入角度值和半径，计算这个角对应的弧长，要求弧长按 0～360°角进行计算，结果输出两位小数。

【思路】

输入的角度值 n 和半径 R 应存放在两个实型变量中。

根据弧长公式：$l = \dfrac{n \times \pi \times r}{180}$ 可计算出弧长，其中 π 由 Math.PI 给出。由于弧长按照 0～360°角进行计算，需要先把角度值 n 转换为 0～360，这个转换由取余运算完成。

结果输出两位小数，使用 System.out.printf() 函数来实现。

【程序代码】

```java
import java.util.Scanner;
public class ArcLength {
    public static void main(String[] args) {
        double n, n2, r, l;
        Scanner sc = new Scanner(System.in);
        System.out.print("请输入角度和半径:");
        n = sc.nextDouble();            // 读入角度
        r = sc.nextDouble();            // 读入半径
        sc.close();
        n2 = Math.abs(n) % 360;         // 角度转换为 0~360
        l = n2 * Math.PI * r / 180;     // 计算弧长
        System.out.printf("%.2f", l);   // 输出两位小数
```

```
        }
    }
```

【运行结果】

请输入角度和半径：550 10↙
33.16

【思考】

（1）如何通过角度计算弧度？

（2）如何输出 6 位小数的结果？请掌握使用 System.out.printf()函数进行格式输出的方法。

自测题 2-2：计算面积和周长

【内容】

输入圆的半径，计算并输出圆的周长和面积，要求输出两位小数。

自测题 2-3：计算 BMI

【内容】

输入某人的身高、体重，计算其 BMI 指数，要求保留两位小数。BMI 的计算公式为：BMI＝体重（kg）÷身高^2（m^2）。

自测题 2-4：数字分拆

【内容】

输入一个 4 位整数，按顺序输出它的每一位数字。例如输入 2634，输出结果为"2 6 3 4"。

提示：使用除法和取余运算来获取整数中各个位置上的数字。

2.3　关系与条件运算符的应用

练习题 2-3：较大数

【内容】

输入两个整数，输出较大数。

【思路】

输入的两个整数需要定义整型变量 a 和 b 来接收。计算较大数时需要使用关系运算符比较 a 和 b 的关系，a 大 b 小时输出 a，否则输出 b，可以由条件运算符来实现这种简单的分支。

【程序代码】

```java
import java.util.Scanner;
```

```
public class BiggerNumber {
    public static void main(String[] args) {
        int a, b, c;
        Scanner sc = new Scanner(System.in);
        System.out.print("请输入 a 和 b 的值:");
        a = sc.nextInt();
        b = sc.nextInt();
        sc.close();
        c = a > b ? a : b;    // 较大数存入 c 中
        System.out.println(c);
    }
}
```

【运行结果】

```
请输入 a 和 b 的值：10 20↙
20
```

自测题 2-5：计算点距

【内容】

输入两个空间点的坐标 $(x1,y1,z1)$ 和 $(x2,y2,z2)$（设坐标均为整型），计算两者与原点的距离，并输出较大距离，要求保留两位小数。

提示：计算平方根使用 Math.sqrt(double a) 函数，返回 double 值。

2.4   逻辑运算符的应用

练习题 2-4：判断闰年

【内容】

输入一个年份，判断其是否为闰年，输出 true 或 false。年份是闰年只需要满足两个条件之一：

① 能够被 4 整除，但不能被 100 整除；

② 能够被 400 整除。

【思路】

输入的年份需要定义整型变量 year 来保存。另外定义布尔型变量 isLeap 保存判断的结果。

条件①和②只需要满足其一即可，因此可以用逻辑表达式来表示。

【程序代码】

```
import java.util.Scanner;
public class LeapYear {
```

```
public static void main(String[] args) {
    int year;
    boolean isLeap;
    Scanner sc = new Scanner(System.in);
    System.out.print("请输入年份:");
    year = sc.nextInt();
    sc.close();
    // 使用逻辑运算进行判断,结果存在 isLeap 中
    isLeap = (year % 4 == 0 && year % 100 != 0) || (year % 400 == 0);
    System.out.println(isLeap);
    }
}
```

【运行结果】

```
请输入年份: 2019↙
false
```

自测题 2-6:构建三角形

【内容】

输入 3 个整数,判断它们是否能构成三角形,输出 true 或 false。

自测题 2-7:适宜温度

【内容】

兰花生长的最佳气温为 15℃~25℃,高于 30℃会生长缓慢或停止生长。兰花在空气相对湿度 60%~70%时生长良好,过干或过湿都易引发疾病。现有输入是花房温湿度传感器监测的温度和湿度值(0~1 的小数,如 0.7),判断花房的温湿度是否适宜生长,输出 true 或 false。

2.5 字符串连接运算符

练习题 2-5:员工数据拼接

【内容】

现有某个员工的姓名、年龄、月薪、婚姻状况的数据,使用字符串连接运算输出各项数据。

【思路】

字符串连接运算要求其运算符的两个操作数中至少有一个为字符串,可以将字符串和字符串、字符串和基本类型变量的值、字符串和对象进行拼接。本题中可以直接将数据项名(字符串)和各项数据进行拼接。同时,使用 System.out.printf() 函数进行格式输出

时,也间接实现各数据的拼接。

注意,当运算符"+"的两个运算数为数值时,进行的是加法运算,而非字符串连接运算。

【程序代码】

```java
public class StringConcat {
    public static void main(String[] args) {
        String name = "xiaoming";
        int age = 18;
        double salary = 10000;
        boolean isMarried = false;
        System.out.println("Name:" + name + ", Age:" + age
                + ", Salary:" + salary + ", Marriage:" + isMarried);
        System.out.printf("Name:%s, Age:%s, Salary:%s, Marriage:%s\n",
                    name, age, salary, isMarried);
    }
}
```

【运行结果】

```
Name:xiaoming, Age:18, Salary:10000.0, Marriage:false
Name:xiaoming, Age:18, Salary:10000.0, Marriage:false
```

自测题 2-8:计算点距

【内容】

输入两个空间点的坐标(x,y,z)(坐标均为整型),计算两点之间的距离,并输出其信息,输出格式为"Point(x1,y1,z1) is XXX away from Point(x2,y2,z2)",其中 x1、y1、z1、x2、y2、z2 为输入的坐标值,XXX 为两点之间的距离,要求保留两位小数。

2.6   数据类型转换

练习题 2-6:字符与编码

【内容】

输入十六进制的 Unicode 编码,输出其对应的字符和编码值。

【思路】

Scanner 类的 nextInt(int radix) 函数可以读入各种进制的整型数据,通过强制类型转换得到该编码对应的字符。此处以 UTF-16 编码、十六进制的格式输入。

【程序代码】

```java
import java.util.Scanner;
public class TypeCast {
```

```
public static void main(String[] args) {
    int code, code2;
    char ch;
    Scanner sc = new Scanner(System.in);
    System.out.println("请输入 Unicode 编码值:");
    code = sc.nextInt(16);    // 读入十六进制形式的 Unicode 编码
    sc.close();
    ch = (char) code;            // 强转为字符型
    code2 = (int) (ch);          // 强转为整型,得到 Unicode 编码值
    System.out.println(ch + ":" + code2);
}
}
```

【运行结果】

请输入 Unicode 编码值: 20ac↙
€:8364

自测题 2-9：大小写转换

【内容】

输入一个小写字母,请输出对应的大写字母及其 Unicode 编码值。

自测题 2-10：计算利息

【内容】

编写一个利息计算程序,根据用户输入的本金、存款年数、年利率,计算到期本息,并在扣除 20% 的个人所得税后,输出用户获得的实际利息。其中本金和利息均以元为单位,存款年数为整数,计算出的利息使用强制类型转换精确到分输出。

提示：

(1) 采用复利计息：利息 ＝ 本金×(1＋年利率)^{存款年数} －本金。可使用 Math.pow (double x, double y) 函数计算 x^y 的值。

(2) 利息以元为单位,精确到分,即输出两位小数。

2.7　顺序结构程序设计综合

自测题 2-11：函数求值

【内容】

已知函数 $f(x) = 3x^3 - 5x^2 + x - 10$。输入一个自变量 x(实数),输出函数值,要求保留两位小数。

自测题 2-12：找零钱

【内容】

某人购买了小于 1 美元的糖果，他将 1 美元交给售货员。现有 25 美分、10 美分、5 美分和 1 美分的硬币，售货员希望用数目最少的硬币找给他。已知 1 美元＝100 美分，请根据输入的总钱数，输出每种硬币需要的个数。

自测题 2-13：单向加密

【内容】

单向加密是一类重要的加密方式，通常用来验证数据的完整性。单向加密的基本原理如图 2-1 所示：发送方对需要传送的原始数据进行特定计算而得到信息摘要；接收方收到数据之后也进行一次同样的运算；如果前后两次得到的信息摘要相同，则认为数据在传输过程中没有被篡改。

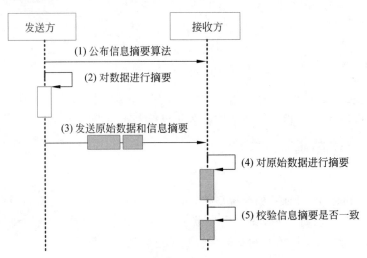

图 2-1　单向加密过程示意图

假设某个公司要传送一个 6 位整数，采用的信息摘要算法如下：

（1）每位数字都加上 5。

（2）求每位数字的立方乘以位数的累加和，其中个位的位数为 0，十位的位数为 1，以此类推。

（3）和再除以 1000 求余数。

以 123456 为例，计算过程如图 2-2 所示。

请编写程序读入一个 6 位整数，输出对应的信息摘要。

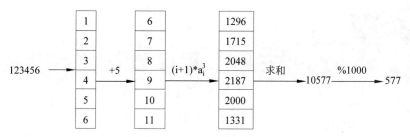

图 2-2　123456 的加密计算过程

分支结构程序设计

实验目的

(1) 熟练使用关系表达式和逻辑表达式正确描述问题中分支条件；

(2) 正确理解三种 if 语句的执行流程，能够熟练使用 if 语句分析和求解问题；

(3) 能够应用嵌套 if 语句来分析和解决复杂的分支问题；

(4) 理解 switch 语句的执行过程，掌握 switch 语句解决多分支问题的方法；

(5) 掌握分支结构程序设计方法。

3.1　单分支 if 语句的应用

练习题 3-1：大小写转换

【内容】

输入一个字符，如果它是大写字母，输出相应的小写字母；否则，原样输出该字符本身。

【思路】

① Scanner 类的 next() 方法读入一个字符串，需要调用字符串的 charAt() 方法来获取指定位置的字符，代码如下：

```
Scanner sc = new Scanner(System.in);
char ch = sc.next().charAt(0);    // 读取第 1 个字符(字符编号从 0 开始)
```

② 需要判断该字符是否为大写字母，判断条件为：ch >= 'A' && ch <= 'Z'；

③ 若为大写字母，将其转为对应的小写字母：ch = (char)(ch + 32)；

④ 若不是大写字母，则无须转换，因此可以用单分支来实现；

⑤ 注意分支语句的编码规范性，应通过空格、缩进、大括号来表示程序结构。

【程序代码】

```
import java.util.Scanner;
public class UpperToLower {
    public static void main(String[] args) {
        char ch;
        Scanner sc = new Scanner(System.in);
```

```
        System.out.print("Please input a character: ");
        ch =sc.next().charAt(0);        // 读取第 1 个字符(字符编号从 0 开始)
        sc.close();
        if (ch >='A' && ch <='Z')       // 判断是否为大写字母
            ch =(char) (ch +32);        // 若是,则转为小写字母
        System.out.println(ch);
    }
}
```

【运行结果】

```
Please input a character: A↙
a
```

【思考】

(1)尝试使用条件表达式来实现。

(2)在本题目要求的基础上,同时实现若输入的是小写字母,则输出相应的大写字母。

练习题 3-2:单分支结构求最值

【内容】

输入三个 int 类型的数,找出并输出最大数。

【思路】

计算机中求最值通常采用"打擂法",即将某个数设定为擂主(当前最大值变量),其余数逐个与其比较:如果某数大于擂主,则将该数作为擂主。所有数比较完毕,则擂主即是最大数。

【程序代码】

```
import java.util.Scanner;
public class MaxNumber {
    public static void main(String args[]) {
        int a, b, c, max;        // max 为最大值变量
        Scanner sc =new Scanner(System.in);
        System.out.print("请输入 3 个整数:");
        a =sc.nextInt();
        b =sc.nextInt();
        c =sc.nextInt();
        sc.close();
        max =a;                  // 将 a 存入当前最大值变量 max 中
        if (b >max)
            max =b;              // 若 b 更大,则 b 存入 max 中
        if (c >max)
```

```
        max = c;                                    // 若 c 更大,则 c 存入 max 中
        System.out.println("max=" +max);            // 比较完毕,max 即是最大数
    }
}
```

【运行结果】

```
请输入 3 个整数:15 58 -96↙
max=58
```

【思考】

(1) 如何求最小值?

(2) 如何在 4 个数中找出最大数?

自测题 3-1:面试资格筛选

【内容】

某公司招聘员工时进行简历筛查,满足以下条件之一时可以获得面试资格:

① 年龄不超过 25 岁、专业为 computer 或 ee,且毕业院校为 985 或 211;

② 年龄超过 25 且不超过 35、专业为 computer 或 ee。

请根据输入的求职者年龄、专业和毕业学校类型,判断其是否获得面试资格,输出 "Pass"或"Fail"。

提示:专业和毕业学校类型均以字符串形式来接收。使用 str1.equals(str2)比较两个字符串 str1 和 str2 是否相等,该方法返回 true 或 false。

3.2 双分支 if 语句的应用

练习题 3-3:合法三角形判断

【内容】

输入 3 边长,如果能够构成三角形则输出 Yes,否则输出 No。

【思路】

① 使用 Scanner 类的 nextInt()函数读入三边长,存入 a、b、c;

② 两种处理方法,使用双分支语句实现;

③ 分支条件为:三边长都大于 0,且任意两边之和大于第三边($a > 0$ && $b > 0$ && $c > 0$ && $a + b > c$ && $a + c > b$ && $b + c > a$)。

【程序代码】

```
import java.util.Scanner;
public class Triangle {
    public static void main(String args[]) {
        int a, b, c;
```

```
Scanner sc = new Scanner(System.in);
System.out.print("请输入 3 边长:");
a = sc.nextInt();
b = sc.nextInt();
c = sc.nextInt();
sc.close();
if (a > 0 && b > 0 && c > 0 && a + b > c && a + c > b && b + c > a)
    System.out.println("Yes");
else
    System.out.println("No");
    }
}
```

【运行结果】

请输入 3 边长：15 20 58↙
No

自测题 3-2：直角三角形判断

【内容】

输入 3 边长，如果能够构成直角三角形则输出 Yes，否则输出 No。

自测题 3-3：幻灯片打印

【内容】

某 PowerPoint 文件中有 n 张幻灯片，需要按讲义形式打印，每页打印 6 张幻灯片，且使用双面打印。编写程序读入 n 的值，计算并输出至少需要多少张打印纸。

3.3 多分支 if 语句的应用

练习题 3-4：年龄分类

【内容】

输入一个年龄值，输出对应的分类。分类规则如下：

（1）当年龄小于 0 或大于 120 时，输出 error；

（2）当年龄大于或等于 0 且小于 16 时，输出 child；

（3）当年龄在 16 到 55（包括 16 和 55）时，输出 adult；

（4）当年龄大于 55 时，输出 old。

【思路】

① 使用 Scanner 类的 nextInt()读入年龄值，存入变量 age 中；

② 4 种不同的处理方法，使用多分支语句实现。

【程序代码】

```
import java.util.Scanner;
public class Age {
    public static void main(String args[]) {
        int age;
        Scanner sc =new Scanner(System.in);
        System.out.print("请输入年龄:");
        age =sc.nextInt();
        sc.close();
        if (age <0 || age >120)        // 首先处理错误输入
            System.out.println("error");
        else if (age <16)              // 等价于 0<age<16
            System.out.println("child");
        else if (age <=55)             // 等价于 16<=age<=55
            System.out.println("adult");
        else                           // 等价于 55<age<=120
            System.out.println("old");
    }
}
```

【运行结果】

```
请输入年龄: 50↙
adult
```

【思考】

(1) 结合多分支 if 语句的执行过程,思考本例中各分支条件表达式可以简写的原因。

(2) 尝试修改本例中多分支语句的各分支的先后顺序,注意分支逻辑要合理。

自测题 3-4:数位计算

【内容】

从键盘输入 0~99999 的数,输出它是几位数。若输入不在上述范围,则输出 error。

自测题 3-5:奖金计算

【内容】

企业发放的奖金是根据利润提成来累积计算的,计算规则如下:

(1) 利润低于或等于 10 万元时,奖金可提成 10%;

(2) 利润高于 10 万元、低于 20 万元时,低于 10 万元的部分按 10% 提成,高于 10 万元的部分,可提成 7.5%;

(3) 利润 20 万到 40 万之间时,高于 20 万元的部分,可提成 5%;

(4) 利润 40 万到 60 万之间时,高于 40 万元的部分,可提成 3%;

（5）利润 60 万到 100 万之间时,高于 60 万元的部分,可提成 1.5%;

（6）利润高于 100 万元时,超过 100 万元的部分按 1% 提成。

例如,利润为 70 万元时,奖金为 $10 \times 10\% + (20-10) \times 7.5\% + (40-10) \times 5\% + (60-40) \times 3\% + (70-60) \times 1.5\% = 3.5$ 万元。

要求输入利润的值,编程计算并输出应发奖金数。

3.4　if 语句嵌套

练习题 3-5:点的象限判断

【内容】

输入一个点的坐标(x,y),判断这个点在哪个象限;若在坐标轴上,则输出 axis。

【思路】

① 使用 Scanner 类的 nextInt()函数读入坐标 x 和 y;

② 依题意,首先应判断是否在坐标轴上,即整体上为双分支结构;

③ 不在坐标轴上时,再进一步根据 x、y 判断在哪个象限,因此需要在上述双分支语句的一个分支内部进一步使用 if 语句,即 if 语句的嵌套。

【程序代码】

```java
import java.util.Scanner;
public class QuadrantPoint {
    public static void main(String args[]) {
        int x, y;
        System.out.print("Input x and y: ");
        Scanner sc =new Scanner(System.in);
        x =sc.nextInt();
        y =sc.nextInt();
        sc.close();
        if (x ==0 || y ==0)
            System.out.println("axis");
        else {
            if (x >0 && y >0)
                System.out.println("1st Quadrant");
            else if (x <0 && y >0)
                System.out.println("2nd Quadrant");
            else if (x <0 && y <0)
                System.out.println("3rd Quadrant");
            else    // 即 x>0 && y<0
                System.out.println("4th Quadrant");
        }
    }
}
```

【运行结果】

```
Input x and y: 5 - 6✓
4th Quadrant
```

【思考】

判断点的象限时能否使用嵌套 if 语句？请尝试修改程序。

自测题 3-6：数字排序

【内容】

在 a、b、c 中存放键盘输入的 3 个数，在不改变 a、b、c 值的前提下，按从小到大的顺序输出。

自测题 3-7：日期合法性判断

【内容】

从键盘输入一个日期，根据它是否为合法日期，输出 valid 或 invalid。输入格式为 "YYYY MM DD"，均为整数，例如"2020 01 01"。

提示：要加入对闰年的判断。

3.5　switch 语句的应用

练习题 3-6：星期计算

【内容】

假设今天是星期六，计算 n 天后是星期几，输出对应的英文单词。

【思路】

① 使用 Scanner 类的 nextInt() 函数读入 n；

② 一周 7 天，因此在今天的基础上加上 n 后对 7 取余，可以将星期还原到一周之内（0～6，0 表示星期日）；

③ 0～6 分别代表的是星期日至星期六，要求输出英文单词，因此要根据所得到的数字进行相应的输出。这里相当于存在 7 个分支，可以使用 switch 语句来实现。

【程序代码】

```java
import java.util.Scanner;
public class WeekDay {
    public static void main(String[] args) {
        int today, n, day;
        System.out.print("Input n: ");
        Scanner scn =new Scanner(System.in);
        today = 6;              // 今天是星期六
```

```
        n = scn.nextInt();
        day = (today + n) % 7;        // 计算 n 天后是星期几
        switch (day) {
            case 0:
                System.out.print("Sunday");
                break;
            case 1:
                System.out.print("Monday");
                break;
            case 2:
                System.out.print("Tuesday");
                break;
            case 3:
                System.out.print("Wednesday");
                break;
            case 4:
                System.out.print("Thursday");
                break;
            case 5:
                System.out.print("Friday");
                break;
            case 6:
                System.out.print("Saturday");
        }
    }
}
```

【运行结果】

```
Input n: 15↙
Sunday
```

自测题 3-8：查询水果价格

【内容】

有 4 种水果的编号如下：

```
[1] apples
[2] pears
[3] oranges
[4] grapes
```

其单价分别是 3.00 元/kg、2.50 元/kg、4.10 元/kg、10.20 元/kg。请输入水果的编号,输出该水果的名称及单价。如果输入的是不正确的编号,显示 error id、单价为 0。

自测题 3-9：成绩分级

【内容】

字符 A、B、C、D、E 分别代表百分制中的各个等级,其中 A 代表 90～100,B 代表 80～89,C 代表 70～79,D 代表 60～69,E 代表 0～59 分。从键盘读入一个字符,输出相应的成绩区间。如果输入 A～E 之外的字符,提示 error。注意:输入的字符大小写均可。

3.6 分支结构程序设计综合

自测题 3-10：工资计算

【内容】

某公司的工资根据工作时间发放如下:

(1) 工作时间为 4 小时以内(含 4 小时),工资为每小时 50 元;

(2) 工作时间为 4～8 小时(含 8 小时),在 4 小时以内每小时 50 元的基础上,超出 4 小时的时间按每小时 40 元计算;

(3) 工作时间超过 8 小时,在前 8 小时的工资基础上,超出的时间按每小时 30 元计算;

请根据以上关系,输入工作时间,输出应发的工资。

自测题 3-11：地铁票价计算

【内容】

某市地铁票价的计价规则为:6km 内(含)3 元;6～12km(含)4 元;12～22km(含)5 元;22～32km(含)6 元;32km 以上每加 1 元可乘坐 20km,如图 3-1 所示。每次乘车最多 20 元。请输入乘车里程,输出对应的票价。

图 3-1 地铁票价计算示意图

循环结构程序设计

实验目的

（1）熟练掌握 3 种循环语句的执行流程；

（2）具备分析问题中存在的重复操作和循环条件的能力，能够使用关系表达式和逻辑表达式正确描述问题中循环条件；

（3）理解 break 语句和 continue 语句对循环程序执行流程的影响，并能够利用该特点解决具体问题；

（4）能够应用循环嵌套来分析和解决复杂问题；

（5）掌握穷举、迭代、递推、求最值、图形输出等基本算法思想。

4.1 while、do-while、for 语句的基本应用

练习题 4-1：辗转相除法求最大公约数

【内容】

从键盘输入两个整数 m 和 n，使用辗转相除法计算其最大公约数。辗转相除法，也称欧几里得算法，其算法过程如下：

① 先求 m 和 n 相除的余数 r；

② 然后将 m←n，将 n←r，并判断 r（或 n）是否等于 0；

③ 如果 r≠0，再重复①和②，直到 r 等于 0 时结束循环；

④ 此时的 m 为最大公约数。

【思路】

① Scanner 类的 nextInt( )函数读入 m 和 n；

② 异常情况的处理：n 为 0 时直接输出 error；

③ 重复执行的操作：r＝m％n；m＝n；n＝r；

④ 重复执行上述操作的条件：r！＝0；

⑤ 可使用 do-while 语句实现；

⑥ 注意循环语句的编码规范性，应通过空格、缩进、大括号来表示语句结构。

流程图如图 4-1 所示。

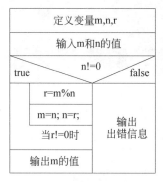

图 4-1　辗转相除法流程图

【程序代码】

```
import java.util.Scanner;
public class GCD_EuclidsAlgorithm {
    public static void main(String[] args) {
        int m, n, r;
        Scanner scan = new Scanner(System.in);
        System.out.print("请输入 m 和 n:");
        m = scan.nextInt();
        n = scan.nextInt();
        scan.close();
        if (n != 0) {
            do {
                r = m % n;
                m = n;
                n = r;
            } while (r != 0);
            System.out.println("m 和 n 的最大公约数是:" + m);
        }
        else
            System.out.println("error");
    }
}
```

【运行结果】

请输入 m 和 n:15 -10↙
m 和 n 的最大公约数是:5

【思考】

（1）能否用 while 语句来实现？请尝试。

（2）在本题要求的基础上，计算 m 和 n 的最小公倍数。

练习题 4-2：不定次循环的求和

【内容】

设 s＝1＋2＋3＋…＋n，求满足 s＜1000 的最大 n 值。

【思路】

① 定义累加器 s 和循环变量 n，初值分别为 0 和 0；

② 重复执行操作：n＋＋，s＋＝n；

③ 重复执行上述操作的条件：s＜1000；

④ 可使用 while 语句实现；

⑤ 循环结束时，s 值已经大于 1000，因此满足条件的 n 值为当前 n 值减 1。

流程图如图 4-2 所示。

定义变量n和s
n=0, s=0
当s<1000时
n++
s+=n
输出n–1

图 4-2 累加求和流程图

【程序代码】

```java
public class SumN {
    public static void main(String[] args) {
        int n, s;
        n = 0;
        s = 0;
        while (s < 1000) {
            n++;
            s += n;
        }
        System.out.println("n=" + (n - 1));
    }
}
```

【运行结果】

```
n=44
```

【思考】

修改程序，计算满足 s 小于指定数 a 的 n 值，其中 a 的值由键盘输入。

练习题 4-3：数字各位之和

【内容】

输入一个 4 位整数，计算其各位上的数字之和。如果输入的不是 4 位整数，则输出 error。如输入 1234，输出为 10。

【思路】

① Scanner 类的 nextInt() 函数读入整数 n；

② 异常情况的处理：n 不为 1000～9999 时直接输出 error；

③ 使用%和/可以从低位到高位依次提取 n 的每一位，如图 4-3 所示。

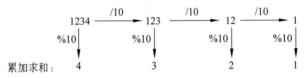

图 4-3　使用%和/提取各位数字

用 r 存放每一位的数值，由图 4-3 可知重复执行的操作为：r＝n%10；n＝n/10；sum＋＝r；

④ n 为四位数，循环需要执行 4 次，固定次数的循环可使用 for 语句实现。

流程图如图 4-4 所示。

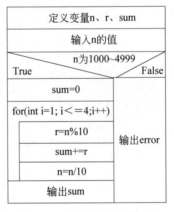

图 4-4　求各位之和流程图

【程序代码】

```
import java.util.Scanner;
public class IntSum {
    public static void main(String[] args) {
        int n, r, sum;
        Scanner scan =new Scanner(System.in);
        System.out.print("请输入 n:");
```

于 22。n＝2，4，6，8，…。

4.2　循　环　嵌　套

练习题 4-4：九九乘法表

【内容】

编程输出如图 4-5 所示的九九乘法表。

1×1=1								
1×2=2	2×2=4							
1×3=3	2×3=6	3×3=9						
1×4=4	2×4=8	3×4=12	4×4=16					
1×5=5	2×5=10	3×5=15	4×5=20	5×5=25				
1×6=6	2×6=12	3×6=18	4×6=24	5×6=30	6×6=36			
1×7=7	2×7=14	3×7=21	4×7=28	5×7=35	6×7=42	7×7=49		
1×8=8	2×8=16	3×8=24	4×8=32	5×8=40	6×8=48	7×8=56	8×8=64	
1×9=9	2×9=18	3×9=27	4×9=36	5×9=45	6×9=54	7×9=63	8×9=72	9×9=81

图 4-5　九九乘法表

【思路】

① 九九乘法表共 9 行,每行的编号用变量 i 来表示,则 i 的范围是 1～9;

② 对第 i 行来说:第 i 行输出的是 $i×1$、$i×2$、$i×3$、…、$i×i$。如果用 j 来表示后一个乘数,则 j 的范围是 1～i,可以用循环来实现第 i 行这 i 个数的输出;

③ 九九乘法表需要输出 9 行,因此外循环需要进行 9 次;

④ 使用循环嵌套结构实现。

流程图如图 4-6 所示。

图 4-6　九九乘法表流程图

【程序代码】

```
public class TimesTable {
    public static void main(String[] args) {
```

```
        int i, j;
        for (i =1; i <= 9; i++) {
            for (j =1; j <= i; j++)
                System.out.printf("%d×% d=%2d  ",j,i,i * j);
            System.out.println();
        }
    }
}
```

【运行结果】

```
1×1=1
1×2=2   2×2=4
1×3=3   2×3=6   3×3=9
1×4=4   2×4=8   3×4=12   4×4=16
1×5=5   2×5=10   3×5=15   4×5=20   5×5=25
1×6=6   2×6=12   3×6=18   4×6=24   5×6=30   6×6=36
1×7=7   2×7=14   3×7=21   4×7=28   5×7=35   6×7=42   7×7=49
1×8=8   2×8=16   3×8=24   4×8=32   5×8=40   6×8=48   7×8=56   8×8=64
1×9=9   2×9=18   3×9=27   4×9=36   5×9=45   6×9=54   7×9=63   8×9=72   9×9=81
```

自测题 4-5：完全数

【内容】

完全数又称完美数或完备数，是指除了自身以外的所有因子和等于自己的数，如 6＝1＋2＋3。请输出 10000 以内的完全数。

4.3　循　环　跳　转

练习题 4-5：穷举法求最大公约数

【内容】

从键盘输入两个整数 m 和 n，使用穷举法计算其最大公约数。

【思路】

① Scanner 类的 nextInt()函数读入 m 和 n；

② 异常情况的处理：n 为 0 时直接输出 error；

③ 求最大公约数，可以从 m 和 n 的较小值开始由大到小逐一尝试：不能同时整除 m 和 n 则减 1 再试；如果可以同时整除，则找到答案，之后的数不用再试，用 break 语句结束循环；

④ 结束时 i 即为最大公约数。

流程图如图 4-7 所示。

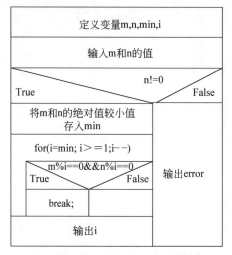

图 4-7　穷举法求最大公约数流程图

【程序代码】

```java
import java.util.Scanner;
public class GCD_Exhaustive {
    public static void main(String[] args) {
        int m, n, min, i;
        Scanner scan = new Scanner(System.in);
        System.out.print("请输入 m 和 n:");
        m = scan.nextInt();
        n = scan.nextInt();
        scan.close();
        if(n!=0) {
            // 较小绝对值
            min=(Math.abs(m)<Math.abs(n))?(Math.abs(m)):(Math.abs(n));
            for( i=min;i>=1;i--)
                if(m% i==0&&n% i==0)
                    break;
            System.out.println(i);
        }
        else
            System.out.println("error");
    }
}
```

【运行结果】

```
请输入 m 和 n:25 70↙
5
```

【思考】

（1）为什么循环结束时 i 即是最大公约数？

（2）尝试用穷举法求 m 和 n 的最小公倍数。

自测题 4-6：统计选票

【内容】

现有 3 位候选人竞选班长一职，需要统计每人的得票数，得票数最多且不低于所有投票数一半的候选人当选。设各候选人的编号分别为 1、2、3，从键盘依次输入选举人的投票，请编程输出当选的候选人及其得票数。如果输入的编号不为 1～3，则为无效票，不计数；如果最高得票候选人的得票数不足一半，则输出"无人当选"；当输入为 −1 时结束投票。

例如，输入为"2 1 3 2 1 2 2 1 1 5 2 3 2 −1"时，输出为"2 号候选人当选，得票数 6"。

4.4 基于循环实现数值计算

自测题 4-7：倒数之和

【内容】

输入一个正整数 n，计算 $1 - \dfrac{1}{4} + \dfrac{1}{7} - \dfrac{1}{10} + \dfrac{1}{13} - \dfrac{1}{16} + \cdots$ 的前 n 项之和，结果保留 4 位小数。

自测题 4-8：莱布尼茨公式

【内容】

使用莱布尼茨公式求 π 的近似值，精确到小数点后第 6 位。计算公式如下：$\dfrac{\pi}{4} = 1 - \dfrac{1}{3} + \dfrac{1}{5} - \dfrac{1}{7} + \cdots$。

提示：由于项数未知，需要根据每一项的值来确定何时结束循环。

自测题 4-9：完全平方数

【内容】

将 2020 拆分为 k 个连续正整数之和，即 $2020 = a + (a+1) + (a+2) + \cdots + (a+k-1)$。编程计算输出 k 的最大值，并输出此时的 a 值。

4.5　基于循环实现求解最值

练习题 4-6：求最大值

【内容】

输入一批整数,输入为 0 时表示结束输入,计算这批数中的最大数。

【思路】

① 在一组数中求最大数,通常采取"打擂法":设定一个初始的擂主,其余的数依次与其比较大小。

② 设输入的第一个数为初始擂主,存入最大值变量 max。

③ 重复执行如下操作:

读入的数据与 max 比较:比 max 大则更新 max;然后读入下一个数据;

④ 重复执行的条件:读入的数据不为 0。

⑤ 可以用 while 语句实现。

流程图如图 4-8 所示。

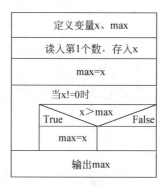

图 4-8　求最值流程图

【程序代码】

```java
import java.util.Scanner;
public class MaxValue {
    public static void main(String[] args) {
        int x, max;
        Scanner scn = new Scanner(System.in);
        x = scn.nextInt();
        max = x;                    // 用读入的第一个数对 max 初始化
        while (x != 0) {            // 循环条件
            if (x > max)            // 比较
                max = x;
            x = scn.nextInt();  // 读入下一个数
        }
```

```
            System.out.println(max);
    }
}
```

【运行结果】

```
15 687 -87 26 -48 0↙
687
```

【思考】

（1）如何计算最小值？

（2）如何记录输入有效数据的个数？

（3）在本题要求的基础上，计算输入数据的平均值。

自测题 4-10：比赛计分

【内容】

某次体育比赛有 10 个评委，计分规则如下：去掉一个最高分和一个最低分后，剩余 8 个分值取平均数。输入 10 个评委为某个选手的打分，编程计算并输出该选手的最终得分。结果保留 4 位小数。

例如，输入为"9.82 9.97 9.45 9.86 9.35 9.99 9.79 9.75 9.86 9.60"时，最终得分为 9.7625。

4.6　基于循环实现穷举法

练习题 4-7：判断素数

【内容】

素数也叫质数，是指只能被 1 和其本身整除的数。输入正整数 n，判断 n 是否为素数：是则输出 true，不是则输出 false；输入的数据不是正整数则输出 error。

【思路】

① 使用 Scanner 的 nextInt() 函数读入数据 n；

② 先处理特殊情况：n<0 时或 n==1 时输出 error；n==2 时输出 true；

③ 当 n≥3 时，n 的可能因子为 2、3、…、n−1。

定义 i 表示 n 的可能因子，定义标志变量 isPrime，计算机用逐一尝试的方法来判断：若 n%i!=0 则尝试下一个 i；若 n%i==0 则 n 不是素数，isPrme 置为 true，直接结束尝试。

即重复执行操作：

```
if(n% i==0) { isPrime=false;  break; }
```

④ 重复执行的条件：i<n；

⑤ 可以用 for 语句实现。for 结束时直接输出 isPrime 的值。

这种重复尝试的方法即是穷举法。

流程图如图 4-9 所示。

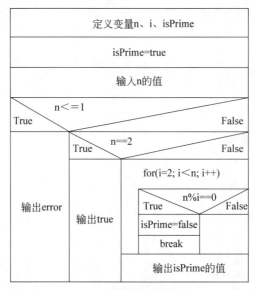

图 4-9　判断素数流程图

【程序代码】

```java
import java.util.Scanner;
public class Prime {
    public static void main(String[] args) {
        int n, i;
        boolean isPrime = true;
        System.out.print("please input n:");
        Scanner scan = new Scanner(System.in);
        n = scan.nextInt();
        scan.close();
        if (n <= 1)
            System.out.println("error");
        else if (n == 2)
            System.out.println("true");
        else {
            for (i = 2; i < n; i++) {
                if ((n % i) == 0) {
                    isPrime = false;
                    break;
                }
            }
            System.out.println(isPrime);
```

```
                }
            }
        }
```

【运行结果】

```
please input n:111↙
false
```

【思考】

（1）尝试的次数可以再减少吗？

（2）修改上述程序，按照 5 个一行的格式输出 100 以内的所有素数。

知识点总结：穷举法

穷举法是计算机求解问题最常用的方法之一，它利用计算机运算速度快、可重复执行的特点，对要解决问题的所有可能情况逐个进行尝试，从而找出符合要求的答案。穷举法常用来解决那些通过公式推导、规则演绎的方法不能解决的问题。

采用穷举法求解问题时，通常先建立一个数学模型，包括一组相关变量、变量需要满足的条件。问题求解的目标就是确定满足条件的变量的值。根据求解问题的具体情况为这些变量确定大概的取值范围，在此范围内对变量依次取值尝试，直到找到全部符合条件的值为止。

穷举通常使用循环结构来实现。在循环体中，根据所求解的具体条件，应用分支结构实施判断筛选，求得所要求的解。

穷举法的缺点是尝试次数多，效率相对较低。要提高穷举的效率，需要根据问题的实际情况尽量减少尝试的次数，如尽量缩小穷举变量的范围等。

自测题 4-11：纸币换算

【内容】

计算用 10 元、20 元和 50 元的纸币换算 100 元一共有几种换法？请输出所有的换法。

提示：将所有可能的情况都列出来逐一尝试，用 for 循环可以实现穷举。有 3 种纸币，每种纸币的数量作为循环变量，需要使用 3 层循环。

自测题 4-12：爱因斯坦数学题

【内容】

爱因斯坦曾出过一道数学题：有一条长阶梯，若每步跨 2 阶，最后剩下 1 阶；若每步跨 3 阶，最后剩下 2 阶；若每步跨 5 阶，最后剩下 4 阶；若每步跨 6 阶，最后剩下 5 阶；若每步跨 7 阶，最后才正好 1 阶不剩。编程计算这条长阶梯最少有多少阶。

自测题 4-13：选球问题

【内容】

现有 3 个红球、5 个白球、6 个蓝球，从中选出 8 个球，满足下列条件：①至少有一个白球;②白球数不少于红球数、不多于蓝球数。编程求有几种选球的方法,请按白球递增的顺序打印输出每种方法,若白球数量相同,则按红球递增的顺序输出。

自测题 4-14:程序破案

【内容】

张三在家中遇害,侦查中发现 A、B、C、D 四人到过现场。

A 说:"我没有杀人。"

B 说:"C 是凶手。"

C 说:"杀人者是 D。"

D 说:"C 在冤枉好人。"

侦查员经过判断四人中有三人说的是真话,四人中有且只有一人是凶手。编程计算凶手到底是谁。

提示:

① 定义字符型变量 ch 表示凶手,值为 A~D。

② 定义计数器表示真话的数量,初值为 0。

③ 针对当前 ch,依次判断 A、B、C、D 说的话是否成立,若成立,计数器增加 1。

④ 若计数器最终值为 3,则说明当前 ch 正是凶手,输出结果。

4.7 基于循环实现图形输出

练习题 4-8:倒三角图形

【内容】

编写程序输出如图 4-10 所示的倒三角图形,第 1 行有 1 个空格。

$$*******$$

$$*****$$

$$***$$

$$*$$

图 4-10 倒三角图形

【思路】

① 分析图形:共 4 行,每行由若干个空格、若干个星号和一个回车符组成;空格数按行增加,星号按行减少。

② 定义变量 i 表示输出第 i 行数,则 i 从 1 变化到 4。

③ 根据图形形状可知:第 i 行有 i 个空格、9-2×i 个星号。对第 i 行,定义变量 j 控制输出每行的空格和星号:

- j 从 1 变化到 i,每次输出一个空格;
- j 从 1 变化到 9-2×i,每次输出一个星号。

④ 使用双层循环实现。

流程图如图 4-11 所示。

图 4-11 倒三角图形流程图

【程序代码】

```
public class PrintTriangle {
    public static void main(String[] args) {
        int i, j;
        for (i =1; i <= 4; i++) {                // 外层循环:第 i 行
            for (j =1; j <= i; j++)              // 内循环 1:多个空格
                System.out.print(" ");
            for (j =1; j <= 9 - 2 * i; j++)      // 内循环 2:多个星号
                System.out.print(" * ");
            System.out.println();                //输出换行符
        }
    }
}
```

【运行结果】

运行结果同图 4-10。

【思考】

修改以上程序,输出 7 行倒三角图形。

自测题 4-15：数字金字塔

【内容】

编程打印如图 4-12 所示的数字金字塔图形。

提示：每行由空格、递增数字和递减数字等三部分组成,使用 3 个内循环语句实现。

```
        1
       121
      12321
     1234321
    123454321
   12345654321
  1234567654321
 123456787654321
12345678987654321
```

图 4-12 数字金字塔图形

自测题 4-16：空心菱形

【内容】

编程打印如图 4-13 所示的空心菱形图形。

图 4-13 空心菱形图形

知识点总结：使用双层循环输出图形。

输出图形类问题通常使用双层循环来实现，解决思路一般如下。

（1）根据图形形状总结每行中符号、符号数量与行号之间的关系。

（2）用双层循环实现：外循环控制行，内循环控制该行中各类符号的依次输出。

（3）复杂图形可以拆分为若干个简单图形分别输出。

4.8　基于循环实现迭代

练习题 4-9：猴子吃桃子

【内容】

有一只猴子当即摘了一些桃子，第 1 天吃了一半，还不过瘾，又多吃了一个；第 2 天早上又将剩下的桃子吃掉一半，又多吃了一个。以后每天早上都吃了前一天剩下的一半加一个。到第 10 天早上，猴子想再吃时，发现只剩下一个桃子了。编程计算猴子第 1 天共摘了多少个桃子。

【思路】

① 假设第 1 天早上有 x0 个桃子，第 2 天早上有 x1 个桃子。根据题意，x1＝x0÷2−1。变换后得到公式：x0＝2×(x1＋1)。

此式表明，可以由当天早上的桃子数 x1 得到前一天早上的桃子数 x0。

② 对刚得到的前一天桃子数（现在的 x0）使用同样的计算方法，又可以得到更前一天的桃子数。只需要将现在的 x0 赋给 x1，再次带入公式中即可实现。得到的新 x0 即是更前一天的桃子数。

③ 以上过程可以一直重复进行，使用循环可以实现。重复执行的操作如下：

```
x1 = x0;              // 刚得到的新值 x0 作为下一次计算的旧值 x1
x0 = 2 * (x1+1)       // 重新计算,得到新值 x0
```

④ 从第 10 天往前计算到第 1 天,需要重复计算 9 次,循环条件为 n<10。

这是一种迭代算法。迭代算法是用计算机解决问题的基本方法之一,它使用循环不断地从变量的旧值推出新值,直至满足问题的要求为止。

【程序代码】

```
public class MonkeyAndPeach {
    public static void main(String[] args) {
        int x0 = 1;                    // 新值变量,最后一天有 1 个桃子,从 1 开始计算
        int x1;                        // 旧值变量
        int i = 1;
        while (i < 10) {               // 未到第 10 天
            x1 = x0;                   // 刚得到的新值 x0 作为下一次计算的旧值 x1
            x0 = (x1 + 1) * 2;         // 重新计算,得到新值 x0
            i++;
        }
        System.out.println("1st day: " + x0);
    }
}
```

【运行结果】

```
1st day: 1534
```

【思考】

修改以上程序,输入最后一天的桃子数和天数,计算并输出猴子第 1 天摘的桃子数量。

自测题 4-17:斐波那契数列

【内容】

斐波那契数列(Fibonacci Sequence),又称为兔子数列,由数学家莱昂纳多·斐波那契以兔子繁殖为例而引入。斐波那契数列的值为 1、1、2、3、5、8、13、21、34、…,即从第 3 项开始每项的值为前两项之和。

编写程序,输入一个整数 n,计算斐波那契数列的第 n 项的值。若 n 不是正数,输出 error。

自测题 4-18:分数序列

【内容】

某分数序列的值为 $\frac{2}{1},\frac{3}{2},\frac{5}{3},\frac{8}{5},\frac{13}{8},\frac{21}{31},\cdots$,计算该数列的前 n 项之和,结果保留 4 位小数。n 由用户输入,应为正整数,输入非正数时提示 error。

自测题 4-19：角谷猜想

【内容】

数学家谷角静夫在研究自然数时发现了一个奇怪现象：对于任意一个自然数 n，若为偶数，则将它除以 2；若为奇数，则将它乘以 3 加 1。经过如此有限次运算后，总可以得到自然数 1。

编写程序，输入自然数 n，把 n 经过有限次的以上运算后，最终变成自然数 1 的全过程输出，并计算经过多少次才得到自然数 1。若输入的 n 非自然数，则输出 error。

输入输出示例如下。

```
Input n:35↙
35->106->53->160->80->40->20->10->5->16->8->4->2->1
step=13
```

知识点总结：迭代法求解。

迭代法是用计算机解决问题的一种基本方法。它利用计算机运算速度快、适合做重复性操作的特点，让计算机对一组指令进行重复执行。每次执行时，都从变量的原值推出它的新值，直至满足要求为止。

利用迭代法求解问题的基本过程如下：

（1）确定迭代变量。在使用迭代求解的问题中，确定可以不断由旧值求出新值的变量，即迭代变量。

（2）寻找迭代关系，建立迭代关系式，实现从变量旧值求得新值。迭代关系是解决迭代问题的关键。

（3）明确迭代结束的条件，并基于循环结构对迭代过程进行控制。迭代过程的控制通常可分为两种：一种是迭代次数是确定值（如分数序列中固定计算到第 20 项），此时可以构建一个固定次数的循环实现迭代的控制；另一种是迭代次数无法确定、需要根据计算过程中间的具体情况来确定（如验证谷角猜想时迭代次数是未知的），此时需要进一步明确结束迭代的条件。

4.9 循环结构程序设计综合

自测题 4-20：泰勒展开式

【内容】

输入 x 的值（x 为弧度），用泰勒展开式求 sin(x) 的近似值，公式如下：

$$\sin x = \frac{x}{1!} - \frac{x^3}{3!} + \frac{x^5}{5!} - \frac{x^7}{7!} + \cdots + (-1)^{n-1}\frac{x^{2n-1}}{(2n-1)!}$$

要求精度达到 0.00001，即第 n 项的绝对值小于 0.00001 时结束求和。

自测题 4-21：骑士的金币

【内容】

国王将金币发放给忠诚的骑士。第 1 天，发放 1 枚金币；之后 2 天（第 2、3 天）里，每天发放 2 枚金币；之后 3 天（第 4、5、6 天）里，每天发放 3 枚金币；之后 4 天（第 7、8、9、10 天）里，每天发放 4 枚金币……这种发放模式会一直延续下去：即连续 n 天每天收到 n 枚金币后，在之后的连续 n+1 天里每天收到 n+1 枚金币。

编写程序，输入天数，计算从第 1 天开始、到指定天数（包含该天），骑士一共获得了多少金币。当输入天数为非正数时，提示 error。例如，输入天数为 6 时，则输出 14。

自测题 4-22：抽签比赛

【内容】

两个乒乓球队进行比赛，每队各出三人，甲队为 A、B、C 三人，乙队为 X、Y、Z 三人，抽签决定比赛名单。其中 A 说他不与 X 比，C 说他不与 X 和 Z 比，编写程序输出三对对战选手的名单。

自测题 4-23：猜数游戏

【内容】

随机生成一个整数（1～100），由用户进行猜数，每次给出大小的提示，并记录猜数的次数。

自测题 4-24：定积分计算

【内容】

蒙特卡洛方法（Monte Carlo method），也称统计模拟方法，是 20 世纪 40 年代中期由于科学技术的发展和电子计算机的发明而被提出的一种以概率统计理论为指导的一类数值计算方法。蒙特卡洛方法使用大量的随机样本来解决计算问题，在金融工程学、宏观经济学、计算物理学等领域应用广泛。1777 年，法国数学家布丰提出用随机投点实验的方法计算圆周率，是蒙特卡洛方法最经典的应用。

本题要求使用蒙特卡洛的随机投点法来模拟计算函数 $f(x)=1/x$ 在区间 $[1,2]$ 上的定积分，并结合牛顿-莱布尼茨公式计算自然常数 e。

提示：随机投点法求解函数 f(x) 在区间 [a,b] 上的定积分的原理如图 4-14（a）所示。函数 f(x) 在区间 [a,b] 上的定积分即是曲线下方的面积 area。以区间 [a,b] 为宽形成一个高度为 h 的矩形，面积为 $(b-a)\times h$。现在随机地向这个矩形框里面投点，假设落在函数 f(x) 下方的点为绿色，其他点为红色。统计绿色点的数量 n 和所有点数量 N 的比例，则有：

$$\frac{n}{N}=\frac{\text{area}}{(b-a)\times h}$$

据此估算函数 f(x) 在 [a,b] 上的定积分为 area。可知，投的点数越多，估算结果越准确。

由此可知,蒙特卡洛方法是利用大量随机样本来估算问题数值解的一种方法。

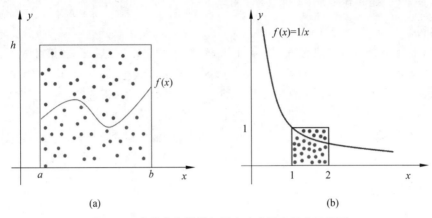

(a)　　　　　　　　　　　(b)

图 4-14　蒙特卡洛的随机投点法求解定积分示意图

对于函数 $f(x)=1/x$ 在区间 $[1,2]$ 上的定积分计算,其随机投点法的求解过程如图 4-14(b)所示。

而对函数 $f(x)=1/x$,还可以使用牛顿-莱布尼茨公式求解区间 $[a,b]$ 上的定积分,公式为:

$$s=\int_1^2 \frac{1}{x}\mathrm{d}x=\ln 2-\ln 1=\ln 2$$

由此得到的值 s 是定积分的解析解。

解析解和数值解应该是相等的,即 s = area,则 ln2 = area,由此可推出自然对数 $e=2^{1/\text{area}}$。

思考:设置不同的投点数,观察结果与投点数之间有何关系。

类 与 对 象

实验目的

（1）熟练掌握类的定义方法，包括构造方法、属性及普通方法的定义；

（2）掌握静态属性、最终属性的应用，理解静态属性与实例属性（非静态属性）的区别；

（3）掌握方法的定义和调用，理解方法调用时的参数传递过程；

（4）重点理解类与对象的关系、引用变量与普通变量的区别；

（5）掌握包的定义和使用方法，能够基于包进行成员的访问控制；

（6）培养对特定问题中的数据和功能进行抽象建模的能力。

5.1　类 的 设 计

练习题 5-1：学生类 v1

【内容】

定义一个学生类 Student，包含：

- 3 个属性：学号（no）、姓名（name）和年龄（age）；
- 两个构造方法：无参构造方法，以及三参数（name、age、no）的构造方法；
- 一个普通方法：输出当前对象各属性值的 print()方法。

【思路】

① 确定属性的类型：姓名和学号应为 String 类型，年龄应为 int 类型，定义如下：

```
String no, name;
int age;
```

② 按照构造方法的规则，无参构造方法定义如下：

```
public Student() {}
```

有参构造方法中的 3 个参数分别为当前对象的 3 个属性赋值，定义如下：

```
public Student(String no, String name, int age) {
    this.no =no;
    this.name =name;
    this.age =age;
}
```

③ print()方法的功能是输出当前对象各属性值,不需要参数,也不需要返回结果,定义如下:

```
void print() {
    System.out.printf("No.% s, Name:% s, Age:% d\n",this.no, this.name,
                    this.age);
}
```

④ 可以在 Student 类中添加 main()方法,用于创建对象并测试。

【程序代码】

```
class Student {
    String no, name;
    int age;
    public Student() {    }
    public Student(String no, String name, int age) {
        this.no =no;
        this.name =name;
        this.age =age;
    }
    void print() {
        System.out.printf("No.%s, Name:%s, Age:%d\n", this.no, this.name,
                        this.age);
    }
}
public class TestStudent{
    public static void main(String[] args) {
        Student stu =new Student("001", "Mike", 10);
        stu.print();
    }
}
```

【运行结果】

```
No.001, Name:Mike, Age:10
```

【思考】

在此例中,如果需要修改对象 stu 的属性值,该如何实现?

自测题 5-1:简易计算器

【内容】

设计一个简易计算器类 Calculator,用来对两个整型属性 a 和 b 进行多种运算,包含:

(1) 两个属性 a 和 b,用来进行运算的数据;

(2) 两个构造方法:无参构造方法,以及两参数的构造方法对属性 a 和 b 赋初值;

（3）对属性 a 和 b 进行运算的 4 个方法：add()（求和）、sub()（求差）、multiply()（求积）、divide()（求商）。

设计 Java 类 TestCalculator，在其 main() 方法中根据输入的两个整数创建一个 Calculator 对象，在屏幕上输出两个整数的和、差、积、商。要求商保留两位小数。如果输入的除数为 0，则输出 error。

自测题 5-2：电视机类

【内容】

每台电视机都是一个对象，有多个状态（当前频道、当前音量、是否打开），有多种操作（转换频道、调节音量、打开、关闭等）。可以设计 Television 类对电视机进行建模，其 UML 图如图 5-1 所示。

Television
−channel : int
−volume : int
−on : boolean
+Television()
+Television(in chan : int, in vol : int, in isOn : boolean)
+turnOn()
+turnOff()
+setChannel(in newChannel : int)
+channelUp()
+channelDown()
+setVolume(in newVolume : int)
+volumeUp()
+volumeDown()

图 5-1　电视机类的设计

其中，channelUp() 和 channelDown() 分别实现开机状态下频道号加 1 和减 1，最小为 1，最大为 300；volumeUp() 和 volumeDown() 分别实现开机状态下音量加 1 和减 1，最小为 0，最大为 10。

设计 Java 类 TestTelevision，在其 main() 方法中依次读取频道号、音量和开关机状态，创建一个 Television 对象，按顺序调用 turnOn()、volumeDown() 和 channelUp() 来调整该对象的频道和音量，最后调用 print() 在屏幕上输出其状态。若输入的频道号和音量不合要求，直接提示 error。

自测题 5-3：股票类 v1

【内容】

对股票交易市场中的每只股票进行建模。每只股票都是一个对象，有股票代码、股票名字、股票总量、前一交易日收盘价、当前股价、当前是否可以交易等多个状态，有多种操作（计算总市值、计算当日市值增长率、输出信息等）。可以设计 Stock 类对股票进行建模，其 UML 图如图 5-2 所示。

设计 Java 类 TestStock，在其 main() 方法中根据输入的股票代码、名称、总量、收盘

Stock
−stockCode : String
−stockName : String
−totalShares : int
−previousClosingPrice : double
−currentPrice : double
−isTradable : boolean
+Stock()
+Stock(in code : String, in name : String, in shares : int, in priviousClosingPrice : double, in currentPrice : double)
+getMarketValue() : double
+getChangePercent() : double
+print()

图 5-2 股票类的设计

价和当前价格来创建一个 Stock 对象,调用以上方法来计算该股票的总市值和当日市值增长率,最后在屏幕上输出该股票的信息。输入输出的运行结果如下。

```
stock code:000012↙
stock name:NBA↙
stock shares(万):310820↙
stock closing price:7.38↙
stock current price:7.65↙
Total market value(万元):2377773.0
Changed percent:3.66%
```

5.2　创建对象与构造方法

练习题 5-2：学生类 v2

【内容】

为练习题 5-1 中的 Student 类设计以下多个构造方法,形成 Student2 类,实现创建对象的多种方式。

(1) 无参构造方法:设置学号为 000,name 为 null,年龄为 0;

(2) 三参数的构造方法:设置对象的 name、age、no 属性值;

(3) 两参数的构造方法:设置对象的 no 和 name 属性值,年龄为 0;

(4) 两参数的构造方法:设置对象的 no 和 age 属性值,name 为 untyped;

(5) 单参数的构造方法:设置对象的 no 属性值,name 为 untyped,age 为 0。

定义 TestStudent2 类,在其 main()中创建对象并输出其信息。

【思路】

① 新建 Student2 类,在练习题 5-1 中 Student 类的基础上修改代码;

```
String name, no;
int age;
```

② 在 Java 继承机制下,创建子类对象时,Java 系统会默认调用父类的无参构造方法。如果一个类中显式定义了构造方法,系统就不会再提供默认的无参构造方法。为了避免子类对象创建时找不到无参构造方法的潜在风险,通常为类定义显式的无参构造方法。

③ 按照题目要求,无参构造方法定义如下:

```java
public Student2() {
    this.name ="null";
    this.no ="000";
    this.age =0;
}
```

④ 三参数的构造方法中的 3 个参数分别为当前对象的 3 个属性赋值,定义如下:

```java
public Student2(String no, String name, int age) {
    this.no =no;
    this.name =name;
    this.age =age;
}
```

⑤ 两参数的构造方法设置对象的 no 和 name 属性值。为了防止在多个构造方法中重复地出现赋值语句,可以在构造方法的首行使用 this() 来调用本类的其他构造方法,实现代码复用。定义如下:

```java
public Student2(String no, String name) {
    this(no, name, 0);   // 使用 this()调用三参数的构造方法,age 值设为默认的 0
}
```

⑥ 其他构造方法类似定义。

⑦ 创建对象时,系统根据提供的实际参数自动调用相应的构造方法,进行对象的初始化工作。

【程序代码】

```java
class Student2 {
    String no, name;
    int age;
    public Student2() {
        this.no ="000";
        this.name ="null";
        this.age =0;
    }
    public Student2(String no, String name, int age) {
        this.no =no;
```

```
            this.name =name;
            this.age =age;
        }
        public Student2(String no, String name) {
            // 使用 this()调用三参数的构造方法,age 值设为 0
            this(no, name, 0);
        }
        public Student2(String no, int age) {
            // 使用 this()调用三参数的构造方法,name 值设为 "untyped"
            this(no, "untyped", age);
        }
        public Student2(String no) {
            //调用三参数的构造方法,name 值设为 "untyped",age 值设为 0
            this(no, "untyped", 0);
        }
        void print() {
            System.out.printf("No.%s, Name:%s, Age:%d\n", this.no, this.name,
                            this.age);
        }
    }
public class TestStudent2{
    public static void main(String[] args) {
        // 3 个实参,自动调用三参数的构造方法
        Student2 s1 =new Student2("001", "Mike", 10);
        s1.print();
        // 2 个 String 实参,自动调用两参数的构造方法
        Student2 s2 =new Student2("002", "John");
        s2.print();
        // 1 个 String 实参,自动调用单参数的构造方法
        Student2 s3 =new Student2("003");
        s3.print();
        }
    }
```

【运行结果】

```
No.001, Name:Mike, Age:10
No.002, Name:John, Age:0
No.003, Name:untyped, Age:0
```

【思考】

若已经定义好 public Student2(String no，String name)｛…｝,能否在其基础上实现三参数的构造方法 public Student2(String no，String name，int age)?

注意: 如果在构造方法中使用了 this()互相调用,必须保证至少有一个构造方法是

未使用 this()语句的,否则会出现"Recursive constructor invocation Student2(String,String,int)"的错误。

自测题 5-4:矩形类 v1

【内容】

对矩形进行建模。每个矩形都是一个对象,设计矩形类 Rectangle,其 UML 图如图 5-3 所示。

Rectangle
−height : int
−width : int
−x : int
−y : int
+Rectangle()
+Rectangle(in width : double, in height : double)
+Rectangle(in width : double, in height : double, in x : int, in y : int)
+print()

图 5-3　矩形类的设计

另设计一个 Java 类 TestRectangle,在其 main()方法中创建多个 Rectangle 对象,在屏幕上输出对象的各项信息。

自测题 5-5:股票类 v2

【内容】

在自测题 5-3 中的股票类的基础上,设计 Stock2 类,其 UML 图如图 5-4 所示。

Stock2
−stockCode : String
−stockName : String
−totalShares : int
−previousClosingPrice : double
−curentPrice : double
−isTradable : boolean
+Stock2()
+Stock2(in code : String, in name : String)
+Stock2(in code : String, in name : String, in curPrice : double)
+Stock2(in code : String, in name : String, in shares : int, in curPrice : double)
+Stock2(in code : String, in name : String, in shares : int, in prePrice : double, in curPrice : double)
+Stock2(in code : String, in name : String, in prePrice : double, in curPrice : double)
+Stock2(in code : String, in name : String, in shares : int, in prePrice : double, in curPrice : double, in tradable : boolean)
+getMarketValue() : double
+getChangePercent() : double
+print()

图 5-4　股票类 v2 的设计

特别注意构造方法的定义。对象属性的默认值按表 5-1 设计。

设计 Java 类 TestStock2,在其 main()方法中创建多个 Stock2 对象,在屏幕上输出对象的各项信息。

表 5-1　Stock2 类的属性默认值

属性	默认值	属性	默认值
totalShares	0	currentPrice	0.0
previousClosingPrice	0.0	isTradable	false

5.3　方法的设计：代码封装

练习题 5-3：二维空间的点

【内容】

二维空间的每个点都是一个对象，定义 Point2D 类进行建模，其成员如下：

（1）属性 x 和 y：实型，表示点的 x 和 y 坐标。

（2）无参构造方法：置 x 和 y 为 0。

（3）两参数构造方法：初始化 x 和 y。

（4）getDistance()方法：计算当前点与指定点之间的距离。

（5）getQuadrant()方法：获取当前点在第几象限，返回整型 1、2、3、4，若在坐标轴上则返回 0。

在 TestPoint2D 类的 main()中定义两个 Point2D 对象 d1 和 d2，并调用方法计算两点之间的距离（要求输出两位小数），计算 p2 点在第几象限。

【思路】

① 方法代表对象所具有的动态行为或操作，实现该行为或操作的具体代码被封装在方法体中，通过方法名和参数来对外提供被访问的途径，并通过方法返回值来体现行为或操作的结果，因此需要根据具体问题进行特定方法的设计。

② getDistance()方法的功能是计算当前点和指定点之间的距离：当前点即当前对象，还需要为该方法提供另一个点参与运算，即该方法需要一个 Point2D 类型的形参；该方法应得到一个距离值（应为实型）作为结果，即方法的类型应为实型。由此得到方法的整体结构：

```
double getDistance(Point2D p) {
    // 该功能的具体实现代码
}
```

方法体内是计算当前点和参数点 p 之间距离的具体代码，此处采用欧氏距离计算，得到的结果需要通过 return 语句返回，代码如下：

```
double getDistance(Point2D p) {
    double d;
    // 计算距离值
    d =Math.sqrt((x -p.x) * (x -p.x) +(y -p.y) * (y -p.y));
```

```
        return d; // 返回结果
    }
```

③ getQuadrant()方法的功能是获取当前点在第几象限：当前点即当前对象，即该方法无须形参；该方法应得到一个象限编号作为结果，即方法类型应为整型。由此得到方法的整体结构：

```
int getQuadrant() {
    // 该功能的具体实现代码
}
```

方法体内是计算象限编号的具体代码，如下：

```
int getQuadrant() {
    if (x > 0 && y > 0)    return 1;
    else if (x < 0 && y > 0)    return 2;
    else if (x < 0 && y < 0)    return 3;
    else if (x > 0 && y < 0)    return 4;
    else    return 0;
}
```

④ 一旦创建好对象，即可调用该对象的各个方法来实现相应的功能。

【程序代码】

```
class Point2D {
    double x, y;
    public Point2D() {}
    public Point2D(double x, double y) {
        this.x = x;
        this.y = y;
    }
    double getDistance(Point2D p) {
        double d;
        // 计算距离值
        d = Math.sqrt((x - p.x) * (x - p.x) + (y - p.y) * (y - p.y));
        return d; // 返回结果
    }
    int getQuadrant() {
        if (x > 0 && y > 0)
            return 1;
        else if (x < 0 && y > 0)
            return 2;
        else if (x < 0 && y < 0)
            return 3;
```

```
        else if (x > 0 && y < 0)
            return 4;
        else
            return 0;
    }
}
public class TestPoint2D{
    public static void main(String[] args) {
        Point2D p1 = new Point2D();                // 原点
        Point2D p2 = new Point2D(10, -5);          // 点(10,-5)
        //调用 getDistance()计算 p1 和 p2 的距离
        System.out.println(p1.getDistance(p2));
        //调用 getQuadrant()计算 p2 在第几象限
        System.out.println("p2 点在第" + p2.getQuadrant() + "象限");
    }
}
```

【运行结果】

```
11.18
p2 点在第 4 象限
```

【思考】

在以上 Point2D 类的基础上定义方法来判断当前点和特定点是否在同一水平线上。请思考如何设置参数、方法类型等。

自测题 5-6：学生类 v3

【内容】

定义 Student3 类对每个学生进行建模，其成员如下。

（1）属性 name 和 age：表示学生的姓名和年龄。

（2）无参构造方法：置 name 为 null，age 为 0。

（3）两参数构造方法：初始化 name 和 age。

（4）isSameAge()方法：比较当前学生和指定学生的年龄是否相等。

（5）print()方法：输出该学生的相关属性值。

设计 Java 类 TestStudent3 测试 Student3 类中定义的方法，并输出结果。

自测题 5-7：矩形类 v2

【内容】

对矩形进行建模。每个矩形都是一个对象，设计矩形类 Rectangle2，其 UML 图如图 5-5 所示。

其中，getArea()和 getPerimeter()方法分别计算矩形的面积和周长；draw()方法在

Rectangle2
−height : int
−width : int
−x : int
−y : int
+Rectangle2()
+Rectangle2(in width: double, in height: double)
+Rectangle2(in width: double, in height: double, in x : int, in y : int)
+getArea() : double
+getPerimeter() : double
+draw()
+print()

图 5-5　矩形类 v2 的设计

屏幕上用星号"＊"绘制实心矩形，如 height＝3、width＝10 时的矩形如图 5-6 所示。

```
**********
**********
**********
```

图 5-6　draw()方法示例

设计另一个 Java 类 TestRectangle2，在其 main()中创建 Rectangle2 对象，计算其周长、面积，并输出该矩形。

自测题 5-8：复数类

【内容】

对复数进行建模。每个复数都是一个对象，设计复数类 ComplexNumber，其 UML 图如图 5-7 所示。

ComplexNumber
−real : double
−img : double
+ComplexNumber()
+ComplexNumber(in real : double, in img : double)
+add(in obj : ComplexNumber) : ComplexNumber
+minus(in obj : ComplexNumber) : ComplexNumber
+multiply(in obj : ComplexNumber) : ComplexNumber
+size() : double
+print()

图 5-7　复数类的设计

其中，add()、minus()与 multiply()方法分别计算当前复数和指定复数 obj 的和、差与乘积；size()方法计算当前复数的大小；print()方法在屏幕上输出当前复数的实部和虚部。

设计另一个 Java 类 TestComplexNumber，在其 main()中创建两个 ComplexNumber 对象，调用以上方法计算其和、差与乘积并输出结果。

5.4　方法的设计：静态方法

练习题 5-4：角度转换器 v1

【内容】

设计一个实现角度转换的工具类 AngleConverter，实现角度和弧度的互相转换。

【思路】

① 角度和弧度的互相转换包括角度转为弧度、弧度转为角度这两种操作，需要定义两个方法。

② 角度弧度互转是数学计算中的常用操作，考虑将这两种方法定义为静态方法。静态方法也称类方法，可以直接通过类名来调用，无须创建对象，方便用户使用。

③ 方法的首部如下：

```
static double deg2rad(double degree) { }
static double rad2deg(double radian) { }
```

④ 弧度和角度的换算关系为 radian ＝ degree × $\pi/180$。

【程序代码】

```
class AngleConverter {
    static double deg2rad(double degree) {
        return Math.PI * degree / 180;
    }
    static double rad2deg(double radian) {
        return 180 * radian / Math.PI;
    }
}
public class TestAngleConverter {
    public static void main(String[] args) {
        System.out.println( AngleConverter.deg2rad(45) );
    }
}
```

【运行结果】

```
0.7853981633974483
```

自测题 5-9：角度转换器 v2

【内容】

在 AngleConverter 工具类的基础上添加 trigonometric()方法，对给定的角度范围 begin 和 end，计算指定范围角度每隔 10°角的正弦值和余弦值，直接输出到屏幕上。如

begin＝35、end＝78 时，计算 35°、45°、55°、65°和 75°角的正弦值和余弦值，如图 5-8 所示。

```
angle    sin      cos
35.0     0.5736   0.8192
45.0     0.7071   0.7071
55.0     0.8192   0.5736
65.0     0.9063   0.4226
75.0     0.9659   0.2588
```

图 5-8　角度转换器 v2 的运行结果

提示：调用 Math.sin()和 Math.cos()方法计算指定弧度角的正弦值和余弦值。

设计 TestAngleConverter 类，输入任意 begin 和 end 值，调用该方法在屏幕上输出结果。

自测题 5-10：三角形工具类

【内容】

设计面向三角形的工具类 TriangleTools，用于计算指定三边长对应的三角形的各项数据。若指定的三边长有零值，则直接输出 error 后结束；若指定的三边长有负值，则按其绝对值计算；若指定的三边长无法构成三角形，则自动构造以最小绝对值为边的等边三角形。例如，指定的三边长为 6、−7、8，则按照 6、7、8 构造三角形；若指定的三边长为 1、2、3，则构造边长为 1 的等边三角形。

（1）area()方法：计算给定三边长 a、b、c 的三角形的面积；

（2）perimeter()方法：计算给定三边长 a、b、c 的三角形的周长；

（3）largestAngle()方法：计算给定三边长 a、b、c 的三角形的最大角度。

设计 TestTriangleTools 类，输入三边长的值，测试 TriangleTools 中的方法，在屏幕上输出结果。

提示：

① 三个方法均应为静态方法，参数均为三边长。

② 使用海伦公式计算三角形面积。

$$s=\frac{a+b+c}{2}, \quad area=\sqrt{s\times(s-a)\times(s-b)\times(s-c)}$$

③ 设 a、b、c 边的对角分别为 A、B、C，如图 5-9 所示。

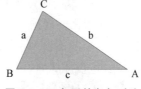

图 5-9　三角形的角与对边

各内角的余弦值如下：

$$\cos A = \frac{c^2 + b^2 - a^2}{2 \times b \times c}, \quad \cos B = \frac{a^2 + c^2 - b^2}{2 \times a \times c}, \quad \cos C = \frac{a^2 + b^2 - c^2}{2 \times a \times b}$$

Math.arccos()方法可以得到反余弦值(弧度),将其转换为角度即可。

5.5　方法的设计：递归

练习题 5-5：计算阶乘

【内容】

输入一个非负整数,计算其阶乘并输出。如果输入为负数,则提示 error。

【思路】

① 定义整型变量 n 存放 Scanner 类的 nextInt()方法读入的非负整数;

② n 的阶乘可按照下式计算。

$$n! = \begin{cases} 1, n = 0 \text{ 或 } 1 \\ 1 \times 2 \times \cdots \times (n\text{-}1) \times n = n \times (n-1)!, n \geqslant 2 \end{cases}$$

由上式可知,当 $n \geqslant 2$ 时,可以把 $n!$ 转化为 $(n-1)!$,同理 $(n-1)!$ 又转化为 $(n-2)!$,…,直至 $1!$ 时可以直接得到结果。

如果定义 factorial()方法来计算非负整数 n 的阶乘,按照以上思路,factorial()方法的实现如下：

```java
public static int factorial(int n) {
    if (n ==0 || n ==1)
        return 1;
    else    // n>=2 时
        return n * factorial(n -1);       // 返回 n * (n-1)!
}
```

③ 在以上代码中,factorial()方法内部又调用了 factorial()方法本身,这种方法调用称为递归调用,这样的方法称为递归方法。递归是一种重要的、常见的程序设计方法,其基本思想是"分而治之",即把规模大的问题转化为规模小的、解法类似的小问题来解决,而当规模小到一定情况下,可以直接得到结果并结束递归调用过程。

在使用递归方法解决具体问题时,要注意分析问题中的递归边界条件和递归关系。递归边界条件是指结束递归的基本条件,即最简单的、可以直接得到结果的情况,如 $1! = 1$;递归关系指使问题向边界条件转化的规则,如 $n! = (n-1)! * n$。

递归方法通常用分支结构来实现,非常直观易懂,符合人类的思维方式。

④ 递归方法的执行过程是层层调用、再逐层返回的,如图 5-10 所示。

程序运行过程中每次方法调用都需要保存和恢复现场数据、返回地址等,因此递归调用存在比较多的时间和空间开销。当嵌套层次比较深的时候会造成栈溢出,即产生错误 java.lang.StackOverflowError。因此在嵌套层次较深时,可尽量使用非递归方法来实现。

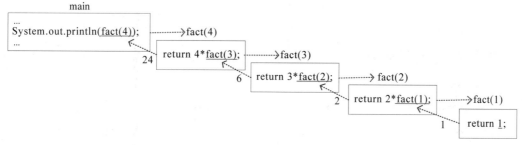

图 5-10 递归的执行过程

【程序代码】

```java
import java.util.Scanner;
public class Factorial {
    public static int factorial(int n) {
        if (n ==0 || n ==1)
            return 1;
        else    // n>=2 时
            return n * factorial(n -1);        // 返回 n * (n-1)!
    }
    public static void main(String[] args) {
        Scanner scn =new Scanner(System.in);
        System.out.print("Input a positive integer: ");
        int n =scn.nextInt();
        scn.close();
        if (n <0)
            System.out.println("error");
        else
            System.out.println(factorial(n));
    }
}
```

【运行结果】

```
Input a positive integer: 5↙
120
```

【思考】

int 类型的表示范围是多少？当 n 值较大时，其阶乘值可能会超过该表示范围。为了尽量准确地实现计算，程序可以如何修改？

自测题 5-11：递归求解最大公约数

【内容】

从键盘输入两个整数 m 和 n，使用递归来计算其最大公约数。如果输入的除数为 0，则输出 error。

提示：如果 m％n＝＝0,则 gcd(m,n)＝n;否则 gcd(m,n)赋值为 gcd(m,m％n)。

自测题 5-12：兔子数列

【内容】

有一对兔子,从出生后第 3 个月起,每个月都会生下一对小兔。而每对新兔子在出生后的第 3 个月起,每月又生下一对新兔子。请输入正整数 n,计算第 n 个月时一共有多少对兔子？ 若 n 为负数或零,则输出 error。

自测题 5-13：打靶问题

【内容】

计算打靶十次中 90 环,共多少种打法？

提示：先固定第一次的环数(0～10),则可知剩余九次的环数,由此可设计递归函数求解。

5.6 属性的设计：静态属性

练习题 5-6：图书销量

【内容】

商品的销售过程中需要对销量进行统计。在某书店销售管理系统中,每出售一本图书就创建一个图书对象,包含书名、价格、销售日期等属性。请统计图书的总销量。

【思路】

① 定义 Book 类来对每个图书对象进行建模,每个图书对象有书名、价格、售出年、月、日等 5 个属性。

② 图书的总销量是每个 Book 对象的共享属性,应该定义为静态属性。

```
static int counter;          // 静态属性:总销量
String name;
double price;
int salesYear, salesMonth, salesDay;
```

③ 每次创建 Book 对象时,counter 应增加 1,totalSales 应增加当前对象的售价,可以将这两个操作加入到构造方法中,保证只要有对象创建,必然会进行统计。

```
public Book(String name, double price, int salesYear, int salesMonth,
                   int salesDay) {
    counter++;     // 每生成一个 Book 对象,counter 增加 1
    this.name =name;
    this.price =price;
```

```
        this.salesYear = salesYear;
        this.salesMonth = salesMonth;
        this.salesDay = salesDay;
    }
```

④ 静态属性也称类属性,由 static 修饰。静态属性属于类的共有属性,由该类创建的所有对象共享同一个 static 属性。静态属性在加载类的过程中进行内存分配,可用类名直接访问,也可以通过对象名来访问(不推荐)。

非静态属性称为实例属性,是某个对象特有的属性,如 b1 对象的 name 属性为 Java、而 b2 对象的 name 属性为 C Lab。实例属性反映了不同对象之间的差异,在对象创建时为实例属性分配空间。

通常,需要在对象之间共享值或表示类的公共数据时,可以使用静态属性。

⑤ 注意分支语句的编码规范性,应通过空格、缩进、大括号来表示程序结构。

【程序代码】

```java
class Book {
    static int counter;        // 静态属性:销量
    String name;
    double price;
    int salesYear, salesMonth, salesDay;
    public Book() {
        this("", 0, 0, 0, 0);
    }
    public Book(String name, double price) {
        this(name, price, 0, 0, 0);
    }
    public Book(String name, double price, int salesYear, int salesMonth,
                int salesDay) {
        counter++;        // 每生成一个 Book 对象,counter 增加 1
        this.name = name;
        this.price = price;
        this.salesYear = salesYear;
        this.salesMonth = salesMonth;
        this.salesDay = salesDay;
    }
}
public class TestBook{
    public static void main(String[] args) {
        Book b1 = new Book("Java", 25, 2019, 9, 1);
        Book b2 = new Book("C Lab", 15, 2019, 9, 1);
        Book b3 = new Book("Python", 30);
        System.out.println("Book number: " + Book.counter);
```

```
    }
  }
```

【运行结果】

```
Book number: 3
```

【思考】

在以上程序的基础上修改，对图书销售总额进行统计。

自测题 5-14：对象自动编号

【内容】

商品的销售过程中需要对每次销售进行记录，如在书店销售管理系统中每次售出一本图书就是一份销售记录。定义 SalesOrder 对销售记录进行建模，成员如图 5-11 所示。

SalesOrder
- id : int
−name : String
−price : double
−year : int
−month : int
−day : int
+SalesOrder()
+SalesOrder(in name : String, in price : double, in year : int, in month : int, in day : int)
+print() : void
+main() : void

图 5-11　销售记录类的设计

其中 id 属性按照对象的创建顺序从 1 开始递增编号：第 1 个对象的 id 为 1，第 2 个对象的 id 为 2，……。

如果创建对象时提供了商品名字，则按照有参构造方法创建对象；如果创建对象时未提供商品名字，则对象名设为 product＋id，如该对象的 id 为 5，则对象名为 product5。

在 main()函数中创建 3 个 SalesOrder 对象，调用 print()函数输出对象的各项信息。

自测题 5-15：共饮一口井

【内容】

某村子里有一口水井，供所有的村民使用。定义 Villager 类对村民进行建模，主要成员如图 5-12 所示。

设水井的初始水量为整数 1000，可以为 Villager 类添加类属性 wellVolume。fetchWater()方法是建模村民的打水行为，参数 n 为打水量。请实现完整的 Villager 类定义，并在 main()函数中创建 3 个 Villager 对象，调用 fetchWater()方法实现打水，输出打水前后水井中的水量。

Villager
−name : String
−age : int
− gender : char
+Villager()
+Villager(in name : String, in age : int, in gendar : char)
+fetchWater(in n : int) : void
+print() : void
+main() : void

图 5-12　村民类的设计

5.7　对象与引用类型

练习题 5-7：参数传递

【内容】

设计 TestMethodCall 类，观察方法调用时传值和传引用的区别。

【思路】

① 要传递引用类型参数来调用方法，需要先定义好引用类型，即需事先定义类 AClass，如下：

```
class AClass {
    int a, b;
    AClass() {  }
    AClass(int i1, int i2) {
        a =i1;
        b =i2;
    }
}
```

② 在测试类 TestMethodCall 中定义传值和传引用的若干个方法，方法如下：

```
void fun1(int int1, int int2);          // 传值调用
void fun2(AClass t1, AClass t2);        // 传引用调用:(1)交换两个对象引用
void fun3(AClass t1, AClass t2);        // 传引用调用:(2)修改对象引用的属性
```

为了方便传递参数，为 TestMethodCall 类定义两个 AClass 属性 d1 和 d2；

为了方便查看对象的各属性值，为 TestMethodCall 类定义 toString() 方法，返回该对象的字符串表示。

在 TestMethodCall 类中定义 main() 函数，调用以上各方法来观察出传值调用和传引用调用的区别。

由此，两个类的成员如图 5-13 所示。

③ 具体实现各方法的方法体。

TestMethodCall
−d1 : AClass
−d2 : AClass
+fun1(in int1 : int, in int2 : int) : void
+fun2(in t1 : AClass, in t2 : AClass) : void
+fun3(in t1 : AClass, in t2 : AClass) : void
+toString() : String
+main() : void

AClass
−a : int
−b : int
+AClass()
+AClass(in i1 : int, in i2 : int)

图 5-13   TestMethodCall 类的设计

【程序代码】

```
class AClass {
    int a, b;
    AClass() {      }
    AClass(int i1, int i2) {
        a = i1;
        b = i2;
    }
}
public class TestMethodCall {
    AClass d1, d2;
    void fun1(int int1, int int2) {            // 传值调用
        int1 = 4;
        int2 = 3;
    }
    void fun2(AClass t1, AClass t2) {       // 传引用调用:(1)交换两个对象引用
        System.out.printf("In fun2 begin:\tt1=(% d,% d), t2=(% d,% d) \n",
                        t1.a, t1.b, t2.a, t2.b);
        AClass temp;
        /* fun2()函数中仅交换了 t1 和 t2,并未通过 t1 和 t2 修改对象的值 */
        temp = t1;     t1 = t2;     t2 = temp;
        System.out.printf("In fun2 end:\tt1=(% d,% d), t2=(% d,% d) \n", t1.a,
                        t1.b, t2.a, t2.b);
    }
    void fun3(AClass t1, AClass t2) {       // 传引用调用:(2)修改对象引用的属性
        System.out.printf("In fun3 begin:\tt1=(% d,% d), t2=(% d,% d) \n",
                        t1.a, t1.b, t2.a, t2.b);
        /* fun2()函数中通过 t1 和 t2 修改了对象的值 */
        t1.a = 0;
        t1.b = 0;
        t2.a = 1;
        t2.b = 1;
        System.out.printf("In fun3 end:\tt1=(% d,% d), t2=(% d,% d) \n", t1.a,
                        t1.b, t2.a, t2.b);
```

```
        }
        public String toString() {
            return "d1=(" +d1.a +"," +d1.b +")   d2=(" +d2.a +"," +
                        d2.b +")";
        }
        public static void main(String[] args) {
            TestMethodCall demo =new TestMethodCall();
            demo.d1 =new AClass(1, 2);
            demo.d2 =new AClass(3, 4);
            int i1 =5;          int i2 =6;
            System.out.println("初始值:");
            System.out.printf("i1=% d, i2=% d\n", i1, i2);
            System.out.println("In main【demo】:\t" +demo.toString());
            System.out.print("*************传值调用:*************\n");
            demo.fun1(i1, i2);
            System.out.printf("i1=%d, i2=%d\n", i1, i2);
            System.out.println("******传引用调用:(1)交换两个对象引用******");
            demo.fun2(demo.d1, demo.d2);
            System.out.println("In main【demo】:\t" +demo.toString());
            System.out.println("******传引用调用:(2)修改对象引用的属性******");
            demo.fun3(demo.d1, demo.d2);
            System.out.println("In main【demo】:\t" +demo.toString());
        }
    }
```

【运行结果】

```
初始值:
i1=5, i2=6
In main【demo】: d1=(1,2)   d2=(3,4)
*************传值调用:*************
i1=5, i2=6
******传引用调用:(1)交换两个对象引用******
In fun2 begin: t1=(1,2), t2=(3,4)
In fun2 end: t1=(3,4), t2=(1,2)
In main【demo】: d1=(1,2)   d2=(3,4)
******传引用调用:(2)修改对象引用的属性******
In fun3 begin: t1=(1,2), t2=(3,4)
In fun3 end: t1=(0,0), t2=(1,1)
In main【demo】: d1=(0,0)   d2=(1,1)
```

【思考】

(1) 在 fun2()函数结束前,形参 t1 和 t2 指向 demo.d1 和 demo.d2 吗?

(2) 在 fun3()函数结束前,形参 t1 和 t2 指向 demo.d1 和 demo.d2 吗?

知识点总结：方法调用时的传参方式

Java 方法中的参数传递可以分为传值调用与传引用调用等两种方式。

传值调用即传递的参数是基本数据类型的值，调用方法时在方法中只能使用实参的值、不能改变实参的值。

传引用调用是指传递实参对象的引用，由于形参和实参是同一个对象的引用，可以在方法内通过形参引用来访问或修改对象。此时应特别注意方法的具体实现，仔细思考对象在方法中是否被修改。

自测题 5-16：复制对象

【内容】

定义 TestObjectCopy 类实现对象的复制，成员如图 5-14 所示。

AClass
−a : int
−b : int
+AClass()
+AClass(in i1 : int, in i2 : int)

TestObjectCopy
−d1 : AClass
−d2 : AClass
+copyObject(in obj : AClass) : AClass
+main() : void

图 5-14　TestCopyObject 类的设计

其中 copyObject(AClass obj)方法的功能是复制 obj 对象，即生成一个与参数对象 obj 的属性值完全一样的新对象，返回该新对象。

在 main()函数新建 TestObjectCopy 对象 toc，其 d1 属性是根据用户输入的两个整数而创建的，d2 属性则由 d1 属性复制而来。输出 toc.d1＝＝toc.d2 的值和 d1.isEqual(d2)的值。

自测题 5-17：员工工资

【内容】

在公司中每个员工的月工资与其入职时月工资基数、级别、入职时长有关，并逐年增长。定义 Employee 类对员工进行建模，其成员如图 5-15 所示。

Employee
−id : int
−name : String
−baseSalary : double
−level : int
−year : int
−increaseRate : double
+Employee()
+Employee(in base : double, in level : int, in year : int)
+Employee(in name : String, in base : double, in level : int, in year : int)
+curSalary() : double
+yearSalary(in year : int) : double
+totalSalary() : double
+compareSalary(in obj : Employee) : int
+print() : void

图 5-15　员工类的设计

其中，

- id：员工编号，自动编号，按照对象的创建顺序从 1 开始递增；
- name：员工姓名，创建对象时提供；若创建对象时未提供，则为 employee＋id；
- baseSalary：员工入职时月工资基数，默认为 1000；
- level：员工的职位级别，取值范围为 1～10，默认为 1 级；
- year：入职年限，默认为当年；
- increaseRate：每年的月工资增长率，值为 level/100；
- curSalary()：计算员工当前的月工资额，根据 baseSalary、increaseRate 和 year 计算得到，公式为：curSalary＝baseSalary×(1＋increaseRate)^{year}；
- yearSalary(int year)：计算 year 年的月工资额；
- totalSalary()：计算员工自入职以来的总工资额；
- compareSalary(Employee obj)：比较当前员工和指定员工 obj 的当前工资的大小，返回−1(当前员工工资低于指定员工)、0(当前员工工资等于指定员工)、＋1(当前员工工资高于指定员工)。
- print()方法：输出员工的各项信息。

定义 TestEmployee 类，在其 main()函数中创建 2 个 Employee 对象，输出对象的各项信息，并计算他们入职以来的总工资之差。

5.8 包 的 使 用

练习题 5-8：形状包

【内容】

为几何形状创建 shapes 包，该包中定义 Rectangle 类和 Circle 类分别表示矩形和圆形，成员如图 5-16 所示。

Rectangle
–height : int
–width : int
–x : int
–y : int
+Rectangle()
+Rectangle(in width : double, in height : double)
+Rectangle(in width : double, in height : double, in x : int, in y : int)
+getPerimeter() : double
+getArea() : double
+print() : void

Circle
–radius : int
–posX : int
–posY : int
+Circle()
+Circle(in r : int)
+Circle(in r : int, in x : int, in y : int)
+getPerimeter() : double
+getArea() : double
+print() : void

图 5-16 几何形状包中类的设计

其中：

- getPerimeter()：计算当前图形的周长。
- getArea()：计算当前图形的面积。
- print()：输出当前图形的信息。

【思路】

① Java 语言通过包将功能相似或相关的类或接口组织在一起，方便类的查找和使用，也可以防止命名冲突。

② 根据题意可定义 shapes 包，并将 Rectangle 类和 Circle 类定义在 shapes 包中。

③ 定义 TestShapes 类来创建 Rectangle 对象和 Circle 对象。

【程序代码】

```
/***** Rectangle.java *****/
package shapes;
public class Rectangle {
    int width, height;    int posX, posY;
    public Rectangle() {    }
    public Rectangle(int width, int height) {
        this(width, height, 0, 0);
    }
    public Rectangle(int width, int height, int x, int y) {
        this.width =width;
        this.height =height;
        this.posX =x;
        this.posY =y;
    }
    public double getPerimeter() {
        return (width +height) * 2;
    }
    public double getArea() {
        return width * height;
    }
    public void print() {
        System.out.printf("[Rectangle]: topLeftCorner(%d,%d),
                width=%d, height=%d\n", posX, posY, width, height);
    }
}
/***** Circle.java *****/
package shapes;
public class Circle {
    int radius;    int posX, posY;
    public Circle() {}
    public Circle(int r) {
        this(r, 0, 0);
    }
    public Circle(int r, int x, int y) {
        this.radius =r;
        this.posX =x;        this.posY =y;
```

```
    }
    public double getPerimeter() {
        return 2 * Math.PI * radius;
    }
    public double getArea() {
        return Math.PI * Math.PI * radius;
    }
    public void print() {
        System.out.printf("[Circle]: Center(%d,%d),
                          radius=%d\n", posX, posY, radius);
    }
}
/***** TestShapes.java *****/
import shapes.*;
public class TestShapes {
    public static void main(String[] args) {
        Rectangle r1 =new Rectangle(10, 5, 1, 1);
        r1.print();
        System.out.println("Perimeter: " +r1.getPerimeter());
        Circle c1 =new Circle(5,2,2);
        c1.print();
        System.out.println("Area: " +c1.getArea());
    }
}
```

【运行结果】

```
[Rectangle]: topLeftCorner(1,1), width=10, height=5
Perimeter: 30.0
[Circle]: Center(2,2), radius=5
Area: 49.34802200544679
```

【思考】

在 shapes 包中添加 Triangle 类和 Ladder 类,分别表示三角形和梯形。在 TestShapes 类中创建 Triangle 对象和 Ladder 对象,输出其信息。

自测题 5-18:银行账户包

【内容】

创建 account 包来组织银行账户相关类,在其中创建 BankAccount 类对银行账户进行建模,成员如图 5-17 所示。

其中,id 表示银行账号,从 1 开始依次自动递增;balance 表示账户余额,默认值为 10 元;rate 表示年利率,所有账户都有相同的利率,默认值为 3%。

getMonthlyRate()方法返回月利率;withdraw()方法从当前账户提取 amount 数额;

BankAccount
+total : int
-id : int
-balance : double
-rate : double
+BankAccount()
+BankAccount(in balance : double)
+BankAccount(in balance : double, in rate : double)
+getMonthlyRate() : double
+withdraw(in amount : double) : void
+deposit(in amount : double) : void
+print() : void

图 5-17　银行账户类的设计

deposit()方法向当前账户存入 amount 数额。

定义 TestBankAccount 类，创建一个余额为 20 000 元、年利率为 3.5% 的 BankAccountPackage 对象，使用 withdraw()方法取款 2500 元，使用 deposit()方法存款 3000 元，然后打印账户信息。

自测题 5-19：房贷工具包

【内容】

创建 mortgage 包来组织房贷计算相关工具类，在其中创建 MortgageTools 类，成员如下。

（1）静态方法：

```
public static double loans(double evaluatedPrice, double downPaymentRatio);
```

计算贷款额，参数 evaluatedPrice 为评估价格，downPaymentRatio 为首付款比例。

计算公式为：

$$贷款额 = 评估价格×(1-首付款比例)$$

（2）静态方法：

```
public static double principalAndInterest(double loans, double rate,
                                          int period);
```

计算期末一次性还本付息的总还款额，参数 loans 为贷款总额，rate 为年利率，period 为贷款期数(月)。

计算公式为：

$$总还款额 = loans×\left(1+\frac{rate}{12}\right)^{period}$$

（3）静态方法：

```
public static double averageCapitalPlusInterest(double loans, double rate,
                                                int period);
```

计算等额本息还款方式下的月均还款额,参数 loans 为贷款总额,rate 为年利率,period 为贷款期数(月)。

计算公式为:

$$monthRate = rate/12$$

$$月还款额 = \frac{loans \times monthRate \times (1 + monthRate)^{period}}{(1 + monthRate)^{period} - 1}$$

(4)静态方法:

```
public static void averageCapital(double loans, double rate, int period);
```

按照等额本金还款,输出每期还款的本金和利息,参数 loans 为贷款总额,rate 为年利率,period 为贷款期数(月),计算方法如下:

总利息 = (总期数 + 1) × 贷款本金 × 月利率 /2

月还本金 = 贷款本金 / 总期数

月还利息 = 当月剩余本金 × 月利率　　　(初始时当月剩余本金等于贷款总额)

月还款额 = 月还本金 + 月还利息

输出格式为:"期数 还款额　本金　利息　剩余本金"。例如,贷款总额 100000 元、年利率为 0.05、贷款期数 36(月),输出如图 5-18 所示。

本金: 100000.00	年利率: 0.05		总期数: 36		总利息: 7708.33
第i期	还款额 (元)	本金 (元)		利息 (元)	剩余本金 (元)
1	3194.44	2777.78		416.67	97222.22
2	3182.87	2777.78		405.09	94444.44
3	3171.30	2777.78		393.52	91666.67
4	3159.72	2777.78		381.94	88888.89
5	3148.15	2777.78		370.37	86111.11
6	3136.57	2777.78		358.80	83333.33

图 5-18　等额本金方式的还款金额

由于等额本金,因此:

月还本金 = 10000 / 36 = 2777.78(元),剩余本金初始值 = 100000。

第 1 期:剩余本金 = 100000

月还利息 = 100000×0.05/12 = 416.67(元)

月还款额 = 2777.78 + 416.67 = 3194.44(元)

剩余本金 = 100000－2777.78 = 97222.22(元)

第 2 期:剩余本金 = 97222.22

月还利息 = 97222.22×0.05/12 = 405.09(元)

月还款额 = 2777.78 + 405.09 = 3182.87(元)

剩余本金 = 97222.22－2777.78 = 94444.44(元)

第 3 期:剩余本金 = 94444.44

月还利息 = 94444.44×0.05/12 = 393.52(元)

月还款额 = 2777.78 + 393.52 = 3171.30(元)

剩余本金 = 94444.44 - 2777.78 = 88888.89(元)

······

定义 TestMortgagePackage 类测试 mortage.MortgageTools 中的各个方法,输出每期的还款情况。

5.9 成员的访问控制

练习题 5-9:学生类 v4

【内容】

定义 Student4 类对学生进行抽象建模,其成员如图 5-19 所示。

Student4
-no : String
-name : String
-age : int
+Student4()
+Student4(in no : String, in name : String, in age : int)
+print() : void

图 5-19 Student4 类的设计

其中,

- 无参构造方法:设置学号为 000,name 为 null,年龄为 0;
- 三个参数的构造方法:设置对象的 name、age、no 属性值;
- print()方法:输出对象的各项属性。

为了保证成员信息的安全性,规定在类外部不可直接访问 no、name 和 age 属性的值。请编程实现,定义 TestStudent4 类来创建 Student4 对象,修改其 age 属性的值。

【思路】

①Java 通过访问控制修饰符 public、protected、缺省、private 来实现对成员的访问控制,规则如表 5-2 所示。

表 5-2 Java 的访问控制

访问权限	类内	同一个包	不同包的子类	不同包的非子类
private	√	×	×	×
缺省	√	√	×	×
protected	√	√	√	×
public	√	√	√	√

② 由于 no、name 和 age 属性在类外部不可访问,需要将其访问属性设置为 private。

```
private String name, no;
private int age;
```

③ 通常私有属性需要提供外部访问的公有接口方法,包括设置方法(设置私有属性的值)和获取方法(获取私有属性的值)如下:

```
/* * no 私有属性的获取方法,返回当前对象的 no 属性值 */
public String getNo() {return no;  }
/* * no 私有属性的设置方法,设置当前对象的 no 属性值 */
public void setNo(String no) {       this.no =no;       }
/* * name 私有属性的获取方法,返回当前对象的 name 属性值 */
public String getName() {  return name;     }
/* * name 私有属性的设置方法,设置当前对象的 name 属性值 */
public void setName(String name) {  this.name =name;      }
/* * age 私有属性的获取方法,返回当前对象的 age 属性值 */
public int getAge() {          return age;  }
/* * age 私有属性的设置方法,设置当前对象的 age 属性值 */
public void setAge(int age) {  this.age =age;         }
```

如有需要,可以在设置方法和获取方法中添加控制逻辑,实现对私有属性的访问控制。

④ 在类外,通过公有的设置方法和获取方法来访问对应属性;

⑤ 成员的访问控制设计原则:如果没有额外说明,属性应使用 private 封装。

【程序代码】

```
class Student4 {
    private String no, name;
    private int age;
    public Student4() {
        this("000", "null", 0);
    }
    public Student4(String no, String name, int age) {
        this.no =no;
        this.name =name;
        this.age =age;
    }
    /* * no 私有属性的获取方法,返回当前对象的 no 属性值 */
    public String getNo() {
        return no;
    }
    /* * no 私有属性的设置方法,设置当前对象的 no 属性值 */
    public void setNo(String no) {
        this.no =no;
    }
    public String getName() {
        return name;
    }
```

```
        public void setName(String name) {
            this.name =name;
        }
        public int getAge() {
            return age;
        }
        public void setAge(int age) {
            this.age =age;
        }
        void print() {
            System.out.printf("No.%s, Name:%s, Age:%d\n", this.no,
                            this.name, this.age);
        }
}
public class TestStudent4 {
    public static void main(String[] args) {
        Student4 s =new Student4("001", "Mike", 10);
        System.out.println("s.name =" +s.getName());
                        // 在 Student4 类外部,通过获取方法得到对象的 name 属性
        System.out.println("s.age =" +s.getAge());
        s.setAge(18);        // 在 Student4 类外部,通过设置方法修改对象的 name 属性
        s.print();
    }
}
```

【运行结果】

```
s.name =Mike
s.age =10
No.001, Name:Mike, Age:18
```

自测题 5-20：银行账户类 v2

【内容】

在银行账户包中创建银行账号类 BankAccount2,成员如图 5-20 所示。
其中,

- id：表示银行账号,按照对象的创建顺序从 1 开始自动递增编号；
- username：表示用户姓名；
- password：表示用户密码,默认为 123456；
- balance：表示账户余额,默认值为 10 天；
- rate：表示年利率,所有账户都有相同的利率,默认值为 3%；
- withdraw()方法：从当前账户提取 amount 数额,如果 amount 超过账户余额,则
  输出"Your balance is insufficient."；

BankAccount2
−id : int
−username : String
−password : String
−balance : double
−rate : double
+BandAccount2(in name : String)
+BankAccount2(in name : String, in psw : String)
+BankAccount2(in name : String, in balance : double, in rate : double)
+BankAccount2(in name : String, in psw : String, in balance : double, in rate : double)
+withdraw(in amount : double) : void
+deposit(in amount : double) : void
+print() : void

图 5-20 银行账户类 v2 的设计

- deposit()方法：向当前账户存入 amount 数额。

所有的属性不能在类外直接访问。

定义 TestBankAccount2 类，创建一个 username 为 wang、password 为 wangmima、余额为 20000 元、年利率为 3.5％的 BankAccount2 对象，使用 withdraw()取款 2500 元，使用 deposit()存款 3000 元，然后打印该账户信息。然后创建一个 username 为 zhang 的 BankAccount2 对象，打印该账户信息。

自测题 5-21：Singleton 模式

【内容】

Singleton 模式也称单例模式（也称单态模式），是基本的设计模式之一。单例模式是一种对象创建模式，要求在系统中一个类只生成一个实例。在 JVM 中通过 new 创建对象是需要消耗系统资源的，因此单例模式对于系统的关键组件和频繁使用的对象来说可以节省系统开销、减轻系统负担、改善系统性能。

实现 Singleton 模式的三个关键点是：私有的当前类的属性、私有的构造方法、获取实例的公有静态方法，如下所示。

```
class Singleton {
    // 私有的属性:对象的引用
    private static Singleton instance =new Singleton();
    private Singleton(){      }         // 私有的构造方法,避免类外部直接创建对象
    // 获取实例的公有静态方法,返回对象引用
    public static Singleton getInstance() {
        return instance;
    }
    public void print() {              // 类的普通方法
        System.out.println("This is a Singleton object.");
    }
}
```

当在类外部创建 Singleton 对象时，不能调用私有构造方法，而是直接调用 getInstance（）

方法,如下。

```
Singleton s =Singleton.getInstance();
```

　　系统中有很多类,如线程池、缓存、注册表、日志、设备驱动程序等,仅能有一个实例,否则会导致程序行为异常、资源使用过量、设备不一致等情况。

　　请定义打印机管理器类,实现对打印机的模拟管理功能。打印机管理器类可以实现对打印机的添加和删除操作,此处仅需打印操作信息即可,如输出 add、delete。

　　定义测试类,创建打印机管理器对象,调用方法来添加和删除打印机,实现模拟管理。

　　提示:可定义打印机类来表示具体的打印机设备。

5.10　类的综合设计

自测题 5-22:商场促销

【内容】

　　商场在销售商品时经常会进行不同类型的促销活动,定义 PromotionSales 类对促销活动进行模拟和建模,主要成员如图 5-21 所示。

PromotionSales
+salesPromotionType : int
+totalSales : double
+PromotionSales(in amount : int, in rate : double, in month : int)
+PromotionSales(in type : int)
−calActualPrice(in loan : int, in rate : double, in month : int) : double
+saleGoods(in g : Goods) : void

图 5-21　促销类的设计

其中,

- salesPromotionType:表示促销活动类型,值为 1 表示打 5 折;值为 2 表示满 100 −50;值为 3 表示打 8 折后满 100−20;其他值时为原价。
- totalSales:表示促销活动总销售额,初值为 0;每售出一件商品,总销售额累加。
- calActualPrice (Goods g):根据促销活动类型计算商品 g 的实际售价。此方法仅供类内使用。
- saleGood(Goods g):销售商品 g,输出商品信息、实际售价、当前总销售额。

　　定义 TestSales 类,在其中创建促销活动对象,调用方法售出多件商品,输出销售信息,如图 5-22 所示。

```
TotalSales:0.00

ID: 1    Name:clothes    Type:CL0001    ListPrice:299    ActualPrice:199.00    TotalSales:199.00
ID: 2    Name:toy        Type:TOY1213   ListPrice:87     ActualPrice:87.00     TotalSales:286.00
ID: 3    Name:clothes    Type:CL5651    ListPrice:698    ActualPrice:398.00    TotalSales:684.00
```

图 5-22　促销类的运行结果

提示：定义 Goods 类表示商品，其应具有编号、商品名、商品类型、标签价格等属性。注意成员的访问权限。

自测题 5-23：存贷款工具

【内容】

定义 FinanceTool 类来实现金融计算功能，成员如图 5-23 所示。

FinanceTool
+LowestRateProportion : double
+HighestRateProportion : double
+calCompoundInterest(in amount : int, in rate : double, in month : int) : double
+printCompoundInterestList(in amount : int, in rate : double, in month : int) : void
+calMonthlyPayment(in loan : int, in rate : double, in month : int) : double
+calTotalPayment(in loan : int, in rate : double, in month : int) : double
+printPaymentList(in loan : int, in rate : double, in month : int) : void

图 5-23　存贷款工具的设计

其中，

- LowestRateProportion：表示贷款利率的最低值，值固定为基准利率的 7 折。
- HighestRateProportion：表示贷款利率的最高值，值固定为基准利率的 1.2 倍。
- calCompoundInterest（int amount，double rate，int month）：计算每月初存入 amount、存款年利率为 rate、按月结息、至第 month 个月末时的账户总额。

例如：计算每月初存入 100 元、年利率 5％、第 5 个月末时的账户总额。

月利率：

$$5\%/12 = 0.00417$$

第 1 个月末：

$$1000 \times (1+0.00417) = 100.417$$

第 2 个月末：

$$100 \times (1+0.00417) + 100.417 \times (1+0.00417)$$
$$= 100 \times [(1+0.00417) + (1+0.00417)^2]$$
$$= 201.252$$

第 3 个月末：

$$100 \times (1+0.00417) + 201.252 \times (1+0.00417)$$
$$= 100 \times [(1+0.00417) + (1+0.00417)^2 + (1+0.00417)^3]$$
$$= 302.507$$

……

第 5 个月末：

$$100 \times [(1+0.00417) + (1+0.00417)^2 + (1+0.00417)^3 + (1+0.00417)^4$$
$$+ (1+0.00417)^5] = 506.285$$

- printCompoundInterestList（int amount，double rate，int month）：输出每月初存入 amount、存款年利率为 rate、从第 1 个月至第 month 个月的每个月末账户

总额。

例如,计算每月初存入 100 元、年利率 5%、存期 5 个月,输出如图 5-24 所示。

- calMonthlyPayment(int loan, double rate, int month):计算贷款额为 loan、贷款年利率为 rate、贷款期限为 month 个月、等额本息还款方式下每月的还款额。

计算公式为:

$$monthRate = rate/12$$

$$月还款额 = \frac{loan \times monthRate \times (1 + monthRate)^{month}}{(1 + monthRate)^{month} - 1}$$

例如,总贷款额 100000 元、贷款期 60 个月、利率 5% 时,

$$月均还款额为:\frac{100000 \times (5\% \div 12) \times (1 + 5\% \div 12)^{60}}{(1 + 5\% \div 12)^{60} - 1} = 1887.12$$

- calTotalPayment(int loan, double rate, int month):计算贷款额为 loan、贷款年利率为 rate、贷款期限为 month 个月、等额本息还款方式下每月的还款额。

计算公式为:

$$总还款额 = month \times 月还款额$$

- printPaymentList(int loan, double rate, int month):贷款额为 loan,贷款基准(年)利率为 rate,贷款期限为 month 个月,采用等额本息还款方式,输出最低贷款利率、基准利率和最高贷款利率下的月均还款和总还款额,如图 5-25 所示。

Month	Value
1	100.417
2	201.252
3	302.507
4	404.184
5	506.285

图 5-24　月末账户总额

贷款总额:100000	总期数:60	
年利率	月还款额	总还款额
0.0350	1819.17	109150.47
0.0500	1887.12	113227.40
0.0650	1956.61	117396.89

图 5-25　月均还款和总还款

另外定义 TestFinanceTool 类,测试以上功能是否正确。

数　组

实验目的

(1) 熟练掌握使用一维数组存储和处理一组数据的过程,包括查找、排序、统计等;

(2) 熟练掌握使用二维数组存储和处理数据表的过程;

(3) 熟练掌握对象数组的创建和使用;

(4) 熟练地使用数组工具类 Arrays 进行排序、查找、复制、填充等处理;

(5) 了解二维数组在图像处理、文本处理中的作用。

6.1　创建一维数组

练习题 6-1：字母逆序输出

【内容】

输入一个小写字母,以该字母为第一个字母按字母表逆序输出所有 26 个小写字母。例如,输入"d"时,输出"dcbazyxwvutsrqponmlkjihgfe"。如果输入的不是小写字母,则输出 error。

【思路】

① 通过 Scanner 读入键盘输入的字符串,调用字符串的 charAt()方法可以获得指定位置的字符,使用字符型变量来存放。

```
Scanner scn =new Scanner(System.in);
char ch =scn.next().charAt(0);
```

② 输入字符为小写字母时处理,非小写时直接输出出错信息,因此整体上为双分支结构。

③ 当输入为小写字母时,可将逆序字母表存放在一个长为 26 的字符型数组中:

```
char[] tables =new char[26];
```

接下来需要将从 ch 开始的小写字符按逆序依次存放在 tables 数组中,如图 6-1 所示。

用 ch 表示每次处理的字符,定义 i 表示存入的位置/下标,则 i 的范围是 0～tables.length-1。

从图 6-1 可知,逆序存放字母的过程大体上是在重复执行:tables[i]=ch;

每次赋值完毕后,ch 要自减 1 表示下一个字符,i 要自增 1 表示下一个位置,即 ch--;i++;

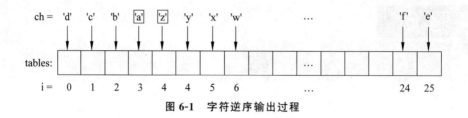

图 6-1　字符逆序输出过程

因此,需要使用循环结构来实现重复赋值,基本代码如下:

```
for (int i =0; i <tables.length;) {
    tables[i] =ch;
    ch--;
    i++;
}
```

但是存在特殊情况,当 ch 减小至'a'后,下一次应从'z'开始赋值、不能再自减 1,因此在循环体内应加入分支判断,当 ch>='a'时重复赋值,否则 ch='z',代码如下:

```
for (int i =0; i <tables.length;) {
    if (ch >= 'a') {
        tables[i] =ch;
        ch--;
        i++;
    }
    else
        ch = 'z';
}
```

最后输出数组中所有元素即可。

整体处理流程如图 6-2 所示。

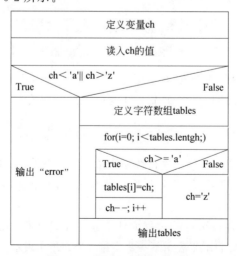

图 6-2　字符逆序输出流程图

④ 为了能复用代码,可以将以上代码封装为类的方法,当 ch 为小写字母时直接调用该方法实现输出,如下:

```
public static void reverseTables(char ch) {…} //输出 ch 开始的逆序小写字母表
```

【程序代码】

```java
import java.util.Scanner;
public class CharReverse {
    public static void reverseTables(char ch) {   // 方法定义
        char[] tables = new char[26];
        for (int i = 0; i < tables.length;) {
            if (ch >= 'a') {
                tables[i] = ch;
                ch--;
                i++;
            }
            else
                ch = 'z';
        }
        System.out.println(tables);
    }   // end reverseTables()
    public static void main(String[] args) {
        Scanner scn = new Scanner(System.in);
        // System.out.print("Please input an lowercase character: ");
        char ch = scn.next().charAt(0);
        scn.close();
        if (ch < 'a' || ch > 'z')
            System.out.println("error");
        else
            reverseTables(ch);
    }   // end main()
}   // end class
```

【运行结果】

```
Please input an lowercase character: d↙
dcbazyxwvutsrqponmlkjihgfe
```

【思考】

修改程序,输入大写字母,输出从该大写字母开始的正序大写字母表和正序小写字母表。例如,输入字符为'D',则输出:

```
DEFGHIJKLMNOPQRSTUVWXYZABC
defghijklmnopqrstuvwxyzabc
```

自测题 6-1：随机数组

【内容】

随机产生 10 个 1～100 的随机整数，存入数组中并输出。

提示：Math.random()函数可得到[0,1)之间的随机 double 值。

自测题 6-2：斐波那契数列

【内容】

斐波那契数列又称黄金分割数列/兔子数列，由数学家列昂纳多·斐波那契 (Leonardoda Fibonacci)以兔子繁殖为例子而引入：通常情况下兔子在出生两个月后就有繁殖能力，一对兔子每个月能生出一对小兔子来。如果所有兔子都未死亡，请编程计算 n 个月以后共有多少对兔子？ n 由用户输入，若 n 非整数则输出 error。

自测题 6-3：数组交叉归并

【内容】

有两个整型一维数组，请定义一个方法，将两个数组的元素交叉归并到一个数组中并输出。

例如：

```
int[] a = { 17, 9, 37, 48, 20 };  int[] b = { 44, 78, 60 };
```

则归并后的数组为：{ 17，44，9，78，37，60，48，20 }。

6.2 处理一维数组

练习题 6-2：圆环四邻数 v1

【内容】

一个圆环中有 12 个数字，如图 6-3 所示。计算圆环中指定位置开始的 4 个相邻数之和。位置从最高点开始计算，即最高点的位置值为 0。指定位置由用户输入，不在合理范围内时直接输出 error。

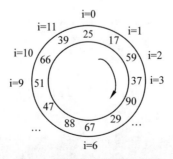

图 6-3 圆环的四邻数示意图

【思路】

① 通过 Scanner 类读入键盘输入的字符串,定义整型变量 loc 来存放用户输入的位置。

```
Scanner scn =new Scanner(System.in);
int loc =scn.nextInt();
```

② 输入位置在 0～11 时处理,否则直接输出出错信息,程序整体上为双分支结构。

③ 圆环中的 12 个数字用一维数组进行存放,第 1 个元素存 25,此处以顺时针方式存放。

```
int [] nums={ 25, 17, 59, 37, 90, 29, 67, 88, 47, 51, 66, 39 };
```

④ 一般情况下,从任意位置 i 开始的四邻数(按顺时针方向)为 nums[i]、nums[i+1]、nums[i+2]和 nums[i+3],即:

```
sum=nums[i]+nums[i+1]+nums[i+2]+nums[i+3];
```

但当 i 较大(≥9)时,后续下标会超过数组长度,此时应重新从 a[0]开始相加。如何实现下标增加到 12 时重新归零呢? 可以使用取余运算,即:

```
sum=nums[i%12]+nums[(i+1)%12]+nums[(i+2)%12]+nums[(i+3)%12];
```

此处使用循环结构可以更方便地实现以上 4 个数累加,如下:

```
for (int j =0; j <4; j++)
    sum +=nums[(i +j) %12];
```

⑤ 按照以上思路根据 loc 值找到其四邻数,并求和。

⑥ 类的设计:本题对圆环上的一维数组进行处理,因此可将一维数组定义为属性;需要计算从 i 开始的四邻数之和,可以将此功能定义为方法;在 main()方法中进行位置的读入、分支判断、调用方法计算并输出结果。类的 UML 图如图 6-4 所示。

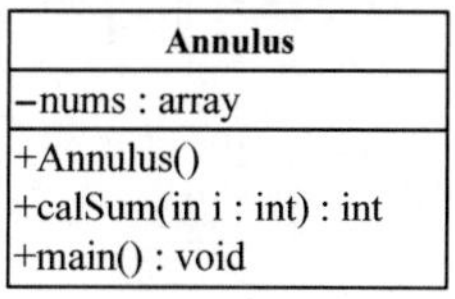

Annulus
−nums : array
+Annulus() +calSum(in i : int) : int +main() : void

图 6-4　圆环四邻数的类设计

【程序代码】

```
import java.util.Scanner;
public class Annulus {
    private int[] nums ={ 25, 17, 59, 37, 90, 29, 67, 88, 47, 51, 66, 39 };
    public Annulus() { }
```

```
public int calSum(int i) {                      // 计算从 i 开始的四邻数之和
    int sum = 0;
    for (int j = 0; j < 4; j++)
        sum += nums[(i + j) % 12];
    return sum;
}
public static void main(String[] args) {
    Annulus obj = new Annulus();                // 定义 Annulus 类对象 obj
    Scanner scn = new Scanner(System.in);
    System.out.print("Please input the location: ");
    int loc = scn.nextInt();                    // 读入用户输入的位置
    scn.close();
    if (loc >= 0 && loc < 12) {                 // 输入在合理范围内
        System.out.println("Sum is " + obj.calSum(loc));
                                                // 调用 calSum()方法获取和
    }
    else
        System.out.println("error"); // 输入不在合理范围
}
}
```

【运行结果】

```
Input the location: 5↙
Sum is 231
```

【思考】

修改程序,计算并输出圆环上所有的四邻数之和。

自测题 6-4:数组逆序存放

【内容】

给定一个整型数组,将数组中元素逆序存放并输出。

例如:

```
int[] a = { 17, 9, 37, 48, 20 };
```

则逆序存放后的数组为:{ 20,48,37,9,17 }。

自测题 6-5:数组逆序复制

【内容】

给定一个整型数组,将数组中元素逆序复制到另一数组中并输出。

例如:

```
int[] a = { 17, 9, 37, 48, 20 };
```

则逆序复制到数组 b 中时,b 数组为:｛ 20,48,37,9,17 ｝。

自测题 6-6:数组移位

【内容】

给定一个整型数组,将数组中元素向右循环移动 n 位,并输出。其中 n 的值由用户输入,不在合理范围内时直接输出 error。

例如:

```
int[] a = { 17, 9, 37, 48, 20 };
```

n＝3 时,移位之后 a 数组为:｛ 37,48,20,17,9 ｝。

自测题 6-7:数组移位方阵

【内容】

读入任意 5 个整数,如"17 9 37 48 20",输出如下移位方阵:

```
17, 9, 37, 48, 20
20, 17, 9, 37, 48
48, 20, 17, 9, 37
37, 48, 20, 17, 9
9, 37, 48, 20, 17
```

其中方阵的第 i 行由数组向右循环移动 i 位得到(i 从 0 开始计数)。

6.3 一维数组之查找数据

练习题 6-3:数组简单查找

【内容】

已知一个整型数组,输入一个整数,查找该数在数组中第一次出现的位置(即下标),并输出该数在数组中出现的总次数。若数组中没有该数,则位置为－1,次数为 0。

例如:

```
int[] a = { 17, 9, 37, 48, 20, 37, 79, 19, 37, 43 };
```

输入为 37 时,输出:"loc＝2,times＝3"。

【思路】

① 类的设计:本题对一维数组进行处理,可将一维数组定义为属性;需要计算某个数在数组中第一次出现的位置、出现的次数,可以将两个功能定义为两个方法;在 main() 方法中进行数据的读入、调用方法计算并输出结果。类的 UML 图如图 6-5 所示。

SimpleArraySearch
–a : array
+SimpleArraySearch()
+firstLoc(in num : int) : int
+times(in num : int) : int
+main() : void

图 6-5　数组简单查找类的设计

② firstLoc(int num)方法计算 num 在数组 a 中第一次出现的位置，即查找第一个 num，返回其下标。在一维数组中查找指定数据的最简单、直观的方法就是从前到后逐一比较每个数组元素与 num 是否相等，相等则返回下标值，不相等则比较下一个，直至数组结尾。查找过程如图 6-6 所示。

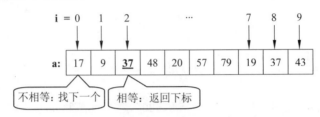

图 6-6　查找第 1 次出现位置的过程

firstLoc(int num)方法的实现如下：

```
/* *
 * @param num: the number to search in array a
 * @return: index of num, or -1 if num doesn't exist
 */
public int firstLoc(int num) {
    for (int i =0; i <a.length; i++) {        // 从头至尾每个元素
        if (a[i] ==num)                       // 相等，找到
            return i;                          // 返回下标值
    }
    return -1;            // 从头找到尾都没有 num,返回-1
}
```

③ times(int num)方法计算 num 在数组 a 中出现的次数。此时需要逐一比较每个数组元素与 num 是否相等，相等则计数，不相等则比较下一个，直至数组结尾。计算过程如图 6-7 所示。

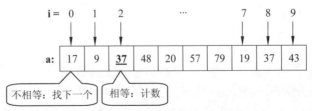

图 6-7　查找所有出现位置的过程

times(int num)方法的实现如下：

```
/* *
 * @param num: the number you want to search in array a
 * @return: times of num in array a
 */
public int times(int num) {
    int counter = 0;                           // 定义计数器 counter
    for (int i = 0; i < a.length; i++) {       // 从头至尾每个元素
        if (a[i] == num)                       // 相等,找到
            counter++;                         // 计数
    }
    return counter;
}
```

【程序代码】

```
import java.util.Scanner;
public class SimpleArraySearch {
    private int[] a = { 17, 9, 37, 48, 20, 37, 79, 19, 37, 43 };
    /* *
     * @param num: the number you want to search in array a
     * @return: index of num, or -1 if num doesn't exist
     */
    public int firstLoc(int num) {
        for (int i = 0; i < a.length; i++) {     // 从头至尾每个元素
            if (a[i] == num)                     // 相等,找到
                return i;                        // 返回下标值
        }
        return -1;                               // 从头找到尾都没有 num,返回-1
    }
    /* *
     * @param num:
     *              the number you want to search in array a
     * @return: times of num in array a
     */
    public int times(int num) {
        int counter = 0;                         // 定义计数器 counter
        for (int i = 0; i < a.length; i++) {     // 从头至尾每个元素
            if (a[i] == num)                     // 相等,找到
                counter++;                       // 计数
        }
        return counter;
    }
```

```
public static void main(String[] args) {
    SimpleArraySearch obj = new SimpleArraySearch();
    int num, idx, count;
    Scanner scn = new Scanner(System.in);
    System.out.print("Please input an int number: ");
    num = scn.nextInt();
    scn.close();
    idx = obj.firstLoc(num);          // 调用方法,返回 num 的首次出现位置
    count = obj.times(num);           // 调用方法,返回 num 出现的总次数
    System.out.printf("loc=%d,times=%d\n", idx, count);
}
}
```

【运行结果】

```
Please input an int number: 37↙
loc=2,times=3
```

【思考】

在本题中,如果要计算 num 在数组中最后一次出现的位置,应如何实现?

自测题 6-8：数组插入数据

【内容】

已知一个整型数组,输入一个整数,将其插入到第一个比它大的数组元素之前,输出插入数据之后的数组。如果数组中没有找到比该数大的数组元素,则将该数放在数组尾部。

例如:

```
int[] a = { 17, 9, 37, 48, 20, 37, 79, 19, 37, 43 };
```

输入为 10 时,数组 a 为: { 10, 17, 9, 37, 48, 20, 37, 79, 19, 37, 43 }。
输入为 50 时,数组 a 为: { 17, 9, 37, 48, 20, 37, 50, 79, 19, 37, 43 }。
输入为 100 时,数组 a 为: { 17, 9, 37, 48, 20, 37, 79, 19, 37, 43, 100 }。

自测题 6-9：数组消重

【内容】

已知一个整型数组 a,请生成一个新数组 b 并输出,b 是由 a 中所有不重复的元素构成,且 b 中元素的先后顺序与其在 a 中第一次出现的先后顺序保持一致。

例如:

```
int[] a = { 17, 9, 37, 48, 20, 37, 79, 20, 37, 43 };
```

则生成的数组 b 为: { 17, 9, 37, 48, 20, 79, 43 }。

自测题 6-10：查找子数组

【内容】

已知一个整型数组 a，在 a 中查找子数组 b 第一次出现的位置并输出。如果数组 a 中没有出现子数组 b，则输出 -1。其中子数组 b 中的元素个数和所有元素由用户输入。

例如：

```
int[] a = { 17, 9, 37, 48, 20, 37, 79, 19, 37, 43 };
```

若输入："4 48 20 37 79"，则数组 b 在数组 a 中的位置为 3。
若输入："3 48 37 20"，则数组 b 在数组 a 中的位置为 -1。

6.4 一维数组之数据统计

练习题 6-4：数组最值交换

【内容】

读入一个长度为 10 的整型数组，将其中的最小值与第一个数交换，将其中的最大值与最后一个数交换，并输出结果。

例如：

```
int[] a = { 17, 9, 37, 48, 20, 37, 79, 19, 37, 43 };
```

则交换之后为：{ 9，17，37，48，20，37，43，19，37，79 }。

【思路】

① 类的设计：本题对一维数组进行处理，可将一维数组定义为属性；需要找到最小值并与第一个数交换，找到最大值并与最后一个数交换，可以将两个功能定义为两个方法；在 main() 方法中进行数组的读入、调用方法计算并输出结果。类的 UML 图如图 6-8 所示。

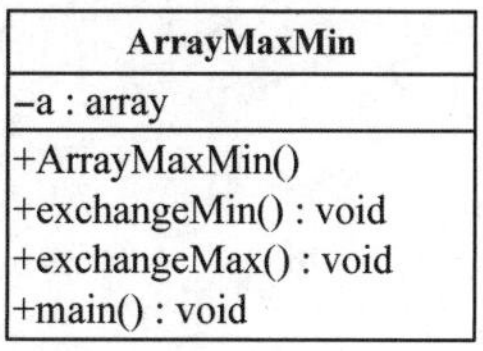

ArrayMaxMin
–a : array
+ArrayMaxMin()
+exchangeMin() : void
+exchangeMax() : void
+main() : void

图 6-8 数组最值交换类的设计

② exchangeMin() 方法将数组 a 中的最小值与第一个元素交换，这个操作需要分两步：先找到最小值的下标 iMin，再将 a[iMin] 与 a[0] 交换。在一组数中求最值常使用擂台法。

exchangeMin() 方法的实现如下：

```
public void exchangeMin() {
    int iMin, i, temp;              // iMin 表示当前最小值的下标, a[iMin]即为当前最小值
    iMin = 0;                       // 先将 a[0]作为当前最小值
    for (i = 1; i < a.length; i++)          // 逐一处理后续的每个元素 a[i]
        if (a[i] < a[iMin])         // 如果 a[i]比 a[iMin]小
            iMin = i;               // 更新最小值的下标
    // 交换 a[0]和 a[iMin]
    temp = a[0];
    a[0] = a[iMin];
    a[iMin] = temp;
}
```

③ exchangeMax()方法的实现过程与 exchangeMin()方法的类似。

④ 输出数组中所有元素可使用 System.out.println(Arrays.toString(a))。

【程序代码】

```
import java.util.Scanner;
import java.util.Arrays;
public class ArrayMaxMin {
    private int[] a;
    public ArrayMaxMin() {
        a = new int[10];
    }
    public void exchangeMin() {
        int iMin, i, temp;      // iMin 表示当前最小值的下标, a[iMin]即为当前最小值
        iMin = 0;               // 先将 a[0]作为当前最小值
        for (i = 1; i < a.length; i++)          // 逐一处理后续的每个元素 a[i]
            if (a[i] < a[iMin])         // 如果 a[i]比 a[iMin]小
                iMin = i;               // 更新最小值的下标
        // 交换 a[0]和 a[iMin]
        temp = a[0];
        a[0] = a[iMin];
        a[iMin] = temp;
    }
    public void exchangeMax() {
        int iMax, i, temp;
        iMax = 0;
        for (i = 1; i < a.length; i++)
            if (a[i] > a[iMax])
                iMax = i;
        temp = a[a.length-1];
        a[a.length-1] = a[iMax];
        a[iMax] = temp;
    }
```

```
public static void main(String[] args) {
    ArrayMaxMin obj =new ArrayMaxMin();
    System.out.println("Input 10 integer numbers: ");
    Scanner scn =new Scanner(System.in);
    for (int i =0; i <10; i++)        // 读入 10 个整数,存入数组 a 中
        obj.a[i] =scn.nextInt();
    scn.close();
    obj.exchangeMin();                // 调用 exchangeMin() 交换最小值
    obj.exchangeMax();                // 调用 exchangeMax() 交换最大值
    System.out.println(Arrays.toString(obj.a)); // 输出数组中所有元素
    }
}
```

【运行结果】

```
Input 10 integer numbers:
13 456 1 56 98 30 49 02 9 82✓
[1, 456, 13, 56, 98, 30, 49, 2, 9, 82]
```

【思考】

在本题中,如果要交换最大值和最小值,应如何实现? 请在类中增加一个方法来实现最大值和最小值的交换。

自测题 6-11:成绩统计

【内容】

读入 10 个学生的成绩,计算平均成绩、及格人数、及格率和平均分以上的人数。

输出格式如:"Average=76.8,Passed=8,PassRate=0.8,AboveAverage=5"。

自测题 6-12:年龄段统计

【内容】

已知数组 ages 中记录了 30 个职工的年龄(年龄范围为 22~59),定义如下:

```
int[] ages={26, 58, 48, 41, 25, 26, 28, 49, 42, 46, 58, 47, 34, 54, 30, 37,
        52, 28, 25, 23, 31, 33, 24, 52, 54, 35, 56, 40, 55, 26};
```

请统计各个年龄段的人数并输出。

输出格式如下:

```
22-29:9
30-39:6
40-49:7
50-59:8
```

自测题 6-13：圆环四邻数 v2

【内容】

读入 12 个数字,按图 6-9 所示放置一个圆环中。圆环中共有 12 个四邻数(即相邻的连续的 4 个数),计算四邻数之和的最大值,输出其起始位置、终止位置、4 个相邻数的值及其和。位置从最高点开始计算,即最高点的位置值为 0。

输出格式为:"begin=4,end=7,[90,29,67,88],sum=274"。

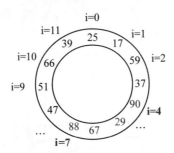

图 6-9　圆环四邻数示意图

自测题 6-14：众数计算

【内容】

众数就是一组数中出现次数最多的数,主要应用于大量数据的统计上。例如,4、2、8、5、4、2、7、2、1、1 中的众数是 2,其出现次数是 3。众数不一定是唯一的,如 2、3、−1、2、1、3 中,2、3 都出现了两次,2 和 3 都是这组数据中的众数。

定义一个长度为 20 的整型数组,每个元素的值是 1~10 的随机数。计算并输出数组中的众数及其出现次数。

输出格式如下:

```
数组:[5, 2, 4, 7, 1, 10, 7, 5, 10, 5, 10, 7, 6, 4, 5, 10, 8, 7, 8, 9]
众数:10,次数 4
```

提示:可先消重、后统计。

6.5　一维数组之排序

练习题 6-5：冒泡排序

【内容】

使用冒泡排序法对 10 个成绩按照从高到低的顺序排序,并输出排序之后的结果。
例如:

```
int[] a = { 84, 52, 89, 64, 92, 76, 81, 86, 54, 61 };
```

则排序之后为：{ 92，89，86，84，81，76，64，61，54，52 }。

【思路】

① 类的设计：本题对一维数组进行处理，可将一维数组定
义为属性；需要使用冒泡排序法对 10 个成绩按照从大到小的
顺序排序，可以将此功能定义为 bubbleSort()方法；在 main()
方法中进行数组的读入、调用 bubbleSort()方法进行排序并输
出结果。类的 UML 图如图 6-10 所示。

ArraySort
−a : array
+ArraySort()
+bubbleSort() : void
+main() : void

图 6-10 冒泡排序类的设计

② bubbleSort()方法实现对数组 a 的冒泡排序。冒泡排
序是最基本、最简单的排序算法，其基本原理是按趟进行，每趟依次比较两个相邻的元素：
左大右小时不变，左小右大则将左数和右数交换（从大到小排序时）。排序过程如下所示。

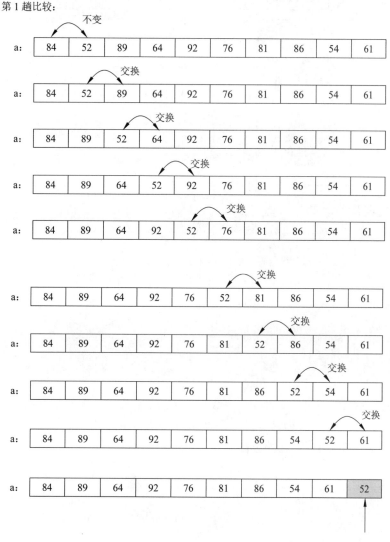

第 2 趟比较：

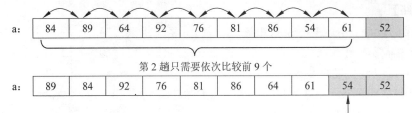

第 2 趟只需要依次比较前 9 个

第 2 趟比较完毕，最小的数 54、52 放在了最后 2 个位置

第 3 趟比较：

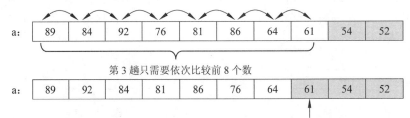

第 3 趟只需要依次比较前 8 个数

第 3 趟比较完毕，最小的数 61、54、52 放在了最后 3 个位置

……

第 9 趟比较：

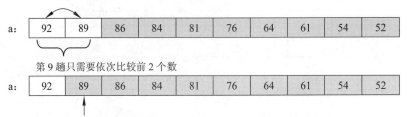

第 9 趟只需要依次比较前 2 个数

第 9 趟比较完毕，最小的 9 个数放在了最后 9 个位置，排序完成

由上述过程可知，对 n 个数进行冒泡排序需要进行 n−1 趟排序，如果使用变量 i 表示第 i 趟排序的话，i=1～n−1。即：

```
for (i =1; i <n ; i++) {
    // 第 i 趟比较

}
```

第 i 趟排序的结果是将最小的 i 个数排到了后 i 个位置。因此第 i 趟排序时仅需要对 a[0]、a[1]、a[2]、…、a[n-i]进行两两比较。用变量 j 表示比较的前数的下标，则两两比较的两个数是 a[j]和 a[j+1]，j 的范围是 0～n−j−1。即：

```
for (i =1; i <n; i++)
{             // 第 i 趟比较
    for (j =0; j <n -i; j++)      // j 表示第 i 趟时两两比较的两个相邻数中前数的下标
        if (a[j] <a[j +1]) {     // 前数小、后数大:交换
            temp =a[j];
            a[j] =a[j +1];
```

```
            a[j +1] =temp;
        }
}
```

bubbleSort()方法的实现如下：

```
public void bubbleSort() {
    int temp, i, j, n =a.length;
    for (i =1; i <n; i++) {              // 第 i 趟比较
        for (j =0; j <n -i; j++)         // j 表示两两比较的两个相邻数中前数的下标
            if (a[j] <a[j +1]) {         // 前数小、后数大:交换
                temp =a[j];
                a[j] =a[j +1];
                a[j +1] =temp;
            }
    }
}
```

③ main()方法中实现数据的输入，调用 bubbleSort()方法进行排序，输出结果。

【程序代码】

```
import java.util.Arrays;
import java.util.Scanner;
public class ArraySort {
    static int[] a;
    public ArraySort() {}
    public void bubbleSort() {
        int temp, i, j, n =a.length;
        for (i =1; i <n; i++) {               // 第 i 趟比较
            // j 表示两两比较的两个相邻数中前数的下标
            for (j =0; j <n -i; j++)
                if (a[j] <a[j +1]) {          // 前数小、后数大:交换
                    temp =a[j];
                    a[j] =a[j +1];
                    a[j +1] =temp;
                }
        }
    }
    public static void main(String[] args) {
        ArraySort obj =new ArraySort();
        a =new int[10];
        Scanner scn =new Scanner(System.in);
        System.out.print("Input 10 figures:");
        for (int i =0; i <10; i++)
```

```
        a[i] =scn.nextInt();
    scn.close();
    System.out.println(Arrays.toString(a));
    obj.bubbleSort();
    System.out.println(Arrays.toString(a));
    }
}
```

【运行结果】

```
Input 10 figures:84 52 89 64 92 76 81 86 54 61↙
[84, 52, 89, 64, 92, 76, 81, 86, 54, 61]
[92, 89, 86, 84, 81, 76, 64, 61, 54, 52]
```

【思考】

（1）如果要实现从低到高的排序，应如何修改程序？

（2）在以上代码的基础上，应如何计算及格率？

练习题 6-6：选择排序

【内容】

读入一个长度为 10 的整型数组，使用选择排序法对数组进行从小到大的排序，并输出结果。

选择排序也是最基本的排序算法之一，其基本过程是：对 n 个数进行选择排序需要 n−1 趟。第一趟从待排序的数据元素中找出最小的一个元素，存放在数组的第一个位置；第二趟再从剩余的未排序元素中找出最小元素，然后放到数组的第二个位置；以此类推，直到第 n−1 趟时从剩余的 2 个数中找出较小元素，放在数组的第 n−1 个位置，此时整个数组排序完毕。

用 i 来表示第 i 趟比较，方便起见，i 为 0～n−2，排序过程如下所示。

i=0，第 1 趟比较的基准位置是 a[0]：

i=1，第 2 趟比较的基准位置是 a[1]：

基准位置：i=1　(a)自基准位置开始的最小值

a: | 52 | 54 | 89 | 64 | 92 | 76 | 81 | 86 | 84 | 61 |

(b)最小值在基准位置时：不变

第 2 趟结束时：

a: | 52 | 54 | 89 | 64 | 92 | 76 | 81 | 86 | 84 | 61 |

i＝2，第 3 趟比较的基准位置是 a[2]：

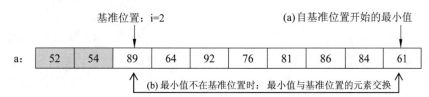

基准位置：i=2　　　　(a)自基准位置开始的最小值

a: | 52 | 54 | 89 | 64 | 92 | 76 | 81 | 86 | 84 | 61 |

(b) 最小值不在基准位置时：最小值与基准位置的元素交换

第 3 趟结束时：

a: | 52 | 54 | 61 | 64 | 92 | 76 | 81 | 86 | 84 | 89 |

……

i=8，第 9 趟比较的基准位置是 a[8]：

(a) 自基准位置开始的较小值

基准位置：i=8

a: | 52 | 54 | 61 | 64 | 76 | 81 | 84 | 86 | 92 | 89 |

(b)交换

第 9 趟结束时：

a: | 52 | 54 | 61 | 64 | 76 | 81 | 84 | 86 | 89 | 92 |

由上述过程可知，对 n 个数进行选择排序需要进行 n-1 趟排序，如果使用变量 i 表示第 i 趟排序的基准位置下标的话，i 为 0～n－2。即：

```
for (i = 0; i < n-1 ; i++) {
    // 第 i 趟比较
}
```

第 i 趟排序的结果是将基准位置开始的数据中的最小数放到了基准位置，即第 i 趟排序时需要求 a[i]、a[i+1]、a[a+2]、…、a[n－1]中的最小值。

用变量 j 表示每个数的下标，则 j 的范围是 i～n－1。即：

```
int temp, minIdx, i, j, n = a.length;
for (i = 0; i < n -1; i++)
{          // 第 i 趟
    minIdx = i;                 // 擂台法求最小值的下标
```

```
        for (j =i +1; j <n; j++)    // j表示基准位置之后的每个元素的下标
            if (a[j] <a[minIdx])
                minIdx =j;
        if (minIdx !=i) {            // 最小值不在基准位置
            temp =a[i];
            a[i] =a[minIdx];
            a[minIdx] =temp;
        }
    }
```

【思路】

① 类的设计：本题对一维数组进行处理，可将一维数组定义为属性；需要使用选择排序法对输入的 10 个数按照从小到大的顺序排序，可以将此功能定义为 selectionSort( ) 方法；在 main( ) 方法中进行数组的读入，调用 selectionSort( ) 方法进行排序，输出结果。类的 UML 图如图 6-11 所示。

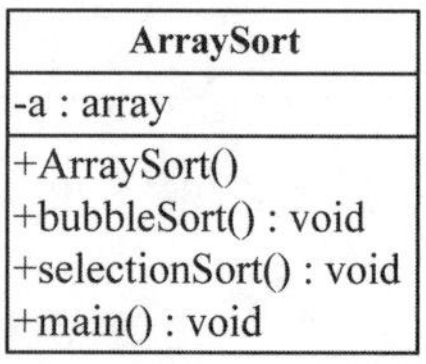

ArraySort
-a : array
+ArraySort()
+bubbleSort() : void
+selectionSort() : void
+main() : void

图 6-11   选择排序类的设计

② selectionSort( ) 方法实现对数组 a 的选择排序，实现如下：

```
public void selectionSort() {
    int temp, minIdx, i, j, n =a.length;
    for (i =0; i <n -1; i++) {        // 第 i 趟
        minIdx =i;                    // 擂台法求最小值的下标
        for (j =i +1; j <n; j++)    // j表示基准位置之后的每个元素的下标
            if (a[j] <a[minIdx])
                minIdx =j;
        if (minIdx !=i) {            // 最小值不在基准位置
            temp =a[i];
            a[i] =a[minIdx];
            a[minIdx] =temp;
        }
    }
}
```

③ main( ) 方法中实现数据的输入，调用 selectionSort( ) 方法进行排序，输出结果。

【程序代码】

```
import java.util.Scanner;
```

```
import java.util.Arrays;
public class ArraySort {
    static int[] a;
    public ArraySort() {}
    public void selectionSort() {
        int temp, minIdx, i, j, n = a.length;
        for (i = 0; i < n - 1; i++) {          // 第 i 趟
            minIdx = i;                          // 擂台法求最小值的下标
            for (j = i + 1; j < n; j++)   // j 表示基准位置之后的每个元素的下标
                if (a[j] < a[minIdx])
                    minIdx = j;
            if (minIdx != i) {                   // 最小值不在基准位置
                temp = a[i];
                a[i] = a[minIdx];
                a[minIdx] = temp;
            }
        }
    }
    public static void main(String[] args) {
        ArraySort obj = new ArraySort();
        a = new int[10];
        Scanner scn = new Scanner(System.in);
        System.out.print("Input 10 figures:");
        for (int i = 0; i < 10; i++)
            a[i] = scn.nextInt();
        scn.close();
        System.out.println(Arrays.toString(a));
        obj.selectionSort();
        System.out.println(Arrays.toString(a));
    }
}
```

【运行结果】

```
Input 10 figures:84 54 89 64 92 76 81 86 52 61↙
[84, 54, 89, 64, 92, 76, 81, 86, 52, 61]
[52, 54, 61, 64, 76, 81, 84, 86, 89, 92]
```

自测题 6-15：有序数组中插入单个数据

【内容】

已知 10 个由小到大排列好的有序数列：52，54，61，64，76，81，84，86，89，92。要求从键盘读入一个整数，将其插入到这个有序数列中，并保证数列仍然有序。

例如，读入 80 时，结果为：52，54，61，64，76，80，81，84，86，89，92。

读入 20 时,结果为：20，52，54，61，64，76，81，84，86，89，92。

自测题 6-16：有序数组中插入数组

【内容】

已有 10 个由小到大排列好的有序数列 a：52，54，61，64，76，81，84，86，89，92。要求从键盘读入一个整型数组 b(长度为 5)，将数组 b 插入到数组 a 中，并保证数列仍然有序。

例如，读入"70 50 40 90 80"时，结果为：40，50，52，54，61，64，70，76，80，81，84，86，89，90，92。

自测题 6-17：插入排序

【内容】

读入 5 个学生的成绩,使用插入排序法进行由低到高排序。插入排序是一种较直观的排序方法,基本思想是：先把数组的第一个数认为是有子序数组,再依次把后面的每个元素逐个插入该有序子数组中,直至数组中的所有数据有序排列为止。n 个元素需要进行 n-1 趟排序。

例如,数组 a 中有如下数据：

则插入排序的过程如下：

① 第 1 趟插入(i＝1)：认为前一个数有序,将第 2 个元素插入到有序子数组"70"中。

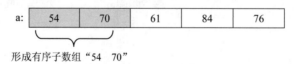

将 a[1]插入到有序子数组 "70" 中

第 1 趟插入后的结果为：

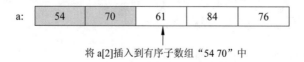

形成有序子数组 "54 70"

② 第 2 趟插入(i＝2)：前二个数有序,将第 3 个元素插入到有序子数组"54 70"中。

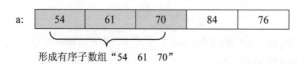

将 a[2]插入到有序子数组 "54 70" 中

第 2 趟插入后的结果为：

a: | 54 | 61 | 70 | 84 | 76 |

形成有序子数组 "54 61 70"

③ 第 3 趟插入(i=3)：前三个数有序,将第 4 个元素插入到有序子数组"54 61 70"中。

将 a[3]插入到有序子数组"54 61 70"中

第 3 趟插入后的结果为：

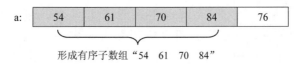

形成有序子数组"54　61　70　84"

④ 第 4 趟插入(i=4)：前四个数有序,将第 5 个元素插入到有序子数组"54 61 70 84"中。

将 a[4]插入到有序子数组"54 61 70 84"中

第 4 趟插入后的结果为：

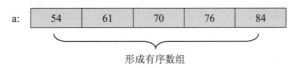

形成有序数组

要求将插入排序功能定义为 insertionSort()方法。

自测题 6-18：有序数组合并

【内容】

已有两个已按升序排列的数组 a 和 b：

```
int[] a = {10, 20, 30, 40, 50, 60};
int[] b = {45, 55, 65, 75};
```

定义 mergeArray()方法,将两个数组合并为一个升序数组并输出。

6.6　一维数组综合

自测题 6-19：邮资计算

【内容】

小明有 m 张 3 分的邮票和 n 张 5 分的邮票,编程计算用这些邮票(一张或多张)可以得到多少种不同的邮资？ m 和 n 的值由用户输入,值为非正数时直接输出 error。

自测题 6-20：验证码生成

【内容】

验证码（Completely Automated Public Turing test to tell Computers and Humans

图 6-12　验证码示例

Apart，CAPTCHA），是一串随机产生的数字或字母，被嵌入在一幅图片中，由用户肉眼识别其中的验证码信息后提交网站验证，验证成功后才能使用某项功能。验证码不仅可以防止恶意破解密码、刷票、论坛灌水，还能有效防止某个黑客对特定注册用户使用暴力破解方式进行不断登录尝试，如图 6-12 所示。

请定义一个方法生成随机的 4 位验证码，每位字符可以是大小写字母或数字。

自测题 6-21：归并排序

【内容】

归并排序（Merge Sort）是一种典型的基于分治的排序算法。归并排序建立在归并操作上，由两个步骤构成：

① 分解：不断地将数组分成大小相等的两个子数组，直至划分的子数组大小为 1；

② 合并：不断将划分出的子数组合并成一个更大的有序数组，直至整个数组合并完毕。

图 6-13 是归并排序的过程。

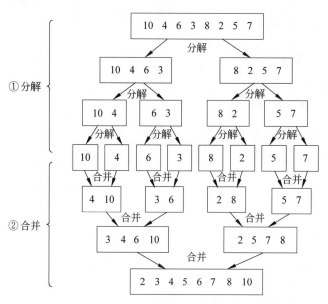

图 6-13　归并排序过程

请编写程序实现对数组的归并排序，并将归并排序的功能封装为方法。

6.7 java.util.Arrays 数组工具类的应用

练习题 6-7：使用 Arrays

【内容】

读入正整数 n,生成一个长度为 n 的整型随机数组,每个数组元素的值为 10~20,并按从小到大的顺序排好序。读入一个整数 m,查找数组中是否有 m：若有,则输出 yes；若无,则将 m 插入到数组中,并保持数组仍然有序。如果读入的 m 或 n 非正数,则输出 error。

例如,若生成的随机数组 a 为 { 10, 11, 11, 13, 13, 14, 16, 19, 19, 19 };

读入 m 为 15,则输出：{ 10, 11, 11, 13, 13, 14, 15, 16, 19, 19, 19 };

读入 m 为 13,则输出：yes。

【思路】

① 类的设计：本题对一维数组进行处理,可直接在 main() 方法中进行数据的读入、数组的生成、排序、查找及结果输出。

② 数组的排序、查找和输出均可使用 java.util.Arrays 来便捷地实现。

③ Arrays.binarySearch(a,m) 方法返回 m 在数组 a 中的下标(存在,为正值)或插入点的位置(不存在,为负值,位置从 1 开始计)。

例如,数组 a 为 { 10, 11, 11, 13, 13, 14, 16, 19, 19, 19 },定义数组 b 存放插入 m 之后的新数组：

查找 13,返回值为 4,数组 a 中存在 13,输出 yes 即可；

查找 15,返回值为-7,应把 15 存入 b[6]；

查找 9,返回值为-1,应把 9 存入 b[0]；

查找 21,返回值为-11,应把 15 存入 b[10]。

即：若返回值存放于 idx 变量中,则 m 在数组 b 中的下标 mPos $= -$idx -1。

查找之后的插入过程如下所示。

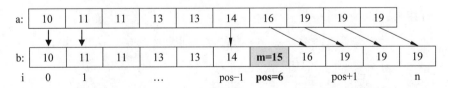

④ System.out.println() 没有提供直接输出数组内容的方法,可以先调用 Arrays.toString(a) 得到数组 a 内容的字符串表示,再通过 System.out.println() 将其输出。

【程序代码】

```
import java.util.Arrays;
import java.util.Scanner;
public class ArraysTool {
    public static void main(String[] args) {
        Scanner scn = new Scanner(System.in);
```

```java
System.out.print("Please input the length of array: ");
int n =scn.nextInt();                      // 读入数组长度
System.out.print("Please input the number you search: ");
int m =scn.nextInt();                      // 读入要查找的数据
scn.close();
if (n <=0) {                               // 数组长度小于 0,直接结束
    System.out.println("error");
    return;
}
int[] a =new int[n];
for (int i =0; i <n; i++)
    a[i] =(int) (Math.random() * 11) +10; // 10~20 的随机数
Arrays.sort(a);                            // 排序
System.out.println(Arrays.toString(a));
int idx =Arrays.binarySearch(a, m);       // 在数组 a 中查找 m
if (idx >=0)                               // 找到
    System.out.println("yes");
else {                                     // 未找到
    int[] b =new int[n +1];                // 生成 b 数组,长度加 1
    int i, pos =-idx -1;                   // m 在 b 数组中的下标 pos
    for (i =0; i <pos; i++)                // 小于 m 的数组元素
        b[i] =a[i];
    b[pos] =m;                             // m 存入 b 中
    for (i =pos +1; i <=n; i++)            // 大于 m 的数组元素
        b[i] =a[i -1];
    System.out.println(Arrays.toString(b));   // 输出 b 数组
}
}
}
```

【运行结果】

```
Please input the length of array: 20↙
Please input the number you search: 15↙
[10, 10, 10, 11, 11, 11, 12, 13, 13, 14, 14, 15, 15, 16, 16, 17, 18, 18, 18, 20]
yes

Please input the length of array: 10↙
Please input the number you search: 13↙
[12, 14, 14, 15, 16, 18, 18, 19, 20, 20]
[12, 13, 14, 14, 15, 16, 18, 18, 19, 20, 20]

Please input the length of array: 10↙
Please input the number you search: 13↙
```

```
[12, 14, 14, 15, 16, 18, 18, 19, 20, 20]
[12, 13, 14, 14, 15, 16, 18, 18, 19, 20, 20]

Please input the length of array: -10↙
Please input the number you search: 10↙
error
```

【思考】

在本题中,如果要进行由大到小的排序,应如何实现?

自测题 6-22:Top N 问题

【内容】

Top N 问题是指从给定的一组数中计算前 N 个数,是大数据处理中常见的操作之一,如在成千上万的数字中找到前 50 个数字。

现有数组 a 为{ 88,92,92,50,89,58,84,96,56,72 },编写程序,输入 N,计算前 N 名的成绩并输出。如果输入的 N 不合理,则输出 error。

例如,输入为 3 时,输出"[96,92,92]"。

6.8 创建二维数组

练习题 6-8:杨辉三角形

【内容】

根据用户输入的行数,输出指定行数的杨辉三角形。例如,输入为 7,则输出如图 6-14 所示的 7 行杨辉三角形。若输入的行数不是正数,直接输出 error。

```
1
1  1
1  2  1
1  3  3  1
1  4  6  4  1
1  5  10 10 5  1
1  6  15 20 15 6  1
```

图 6-14 杨辉三角形

【思路】

① 杨辉三角形为多行多列的数据,使用二维数组来存储和处理。

② 类的设计:本题对二维数组进行处理,因此可将二维数组定义为属性;需要根据用户输入的数据来创建二维数组,并为数组元素赋值,创建和赋值的工作在构造方法中实现;需要输出该二维数组,可定义 print()方法来实现;直接在 main()方法中进行数据的读入、对象的创建及输出。类的 UML 图如图 6-15 所示。

③ 构造方法 YangHuiTriangle(int n):创建 n×n 的二维数组 arr,并为数组元素赋值。以 n=7 为例:

```
arr =new int[n][n];
```

用 i 和 j 表示数组元素的行下标和列下标，赋值的操作应分两步：先将第 1 列（a[i][0]）和对角线元素（a[i][i]）赋值为 1；再为其他元素赋值。示意图如图 6-16 所示。

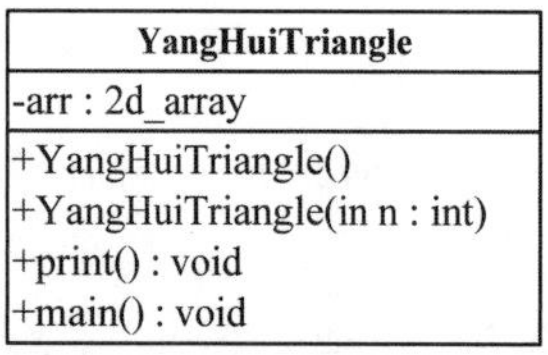

图 6-15　杨辉三角形类的设计

	j=0	1	2		…		6
i=0	1						
1	1	1					
2	1	2	1				
…	1	3	3	1			
	1	4	6	4	1		
	1	5	10	10	5	1	
6	1	6	15	20	15	6	1

图 6-16　杨辉三角形的计算过程

先将第 1 列（j=0）和对角线元素（i = j）赋值为 1：

```
for (i =0; i <n; i++)
{   // 所有行:i=0~n-1
    arr[i][0] =1;    arr[i][i] =1;
}
```

再为其他元素赋值：由图 6-16 可知，仅需要阴影部分元素赋值，这部分元素的行下标 i=2～n−1；对第 i 行，仅需对第 2 列和对角线之前的元素赋值，即列下标 j=1～i−1。此区域中每个元素 a[i][j]等于其上方 a[i−1][j]和左上方 a[i−1][j−1]的元素之和。

```
for (i =2; i <n; i++)
    for (j =1; j <i; j++)
        arr[i][j] =arr[i -1][j -1] +arr[i -1][j];
```

由此构造方法的实现如下：

```
public YangHuiTriangle(int n) {
    arr =new int[n][n];
    int i, j;
    for (i =0; i <n; i++) {  // 所有行:i=0~n-1
        arr[i][0] =1;
        arr[i][i] =1;
    }
    for (i =2; i <n; i++)
        for (j =1; j <i; j++)
            arr[i][j] =arr[i -1][j -1] +arr[i -1][j];
```

```
}
```

④ print()方法中只需输出二维数组的左下三角即可。

【程序代码】

```
import java.util.Scanner;
public class YangHuiTriangle {
    private int[][] arr;
    public YangHuiTriangle() {}
    public YangHuiTriangle(int n) {
        arr =new int[n][n];
        int i, j;
        for (i =0; i <n; i++) {        // 所有行:i=0~n-1
            arr[i][0] =1;
            arr[i][i] =1;
        }
        for (i =2; i <n; i++)
            for (j =1; j <i; j++)
                arr[i][j] =arr[i -1][j -1] +arr[i -1][j];
    }
    public void print() {
        for (int i =0; i <arr.length; i++) {
            for (int j =0; j <=i; j++)
                System.out.printf("%-3d", arr[i][j]);
            System.out.println();
        }
    }
    public static void main(String[] args) {
        Scanner scn =new Scanner(System.in);
        System.out.print("Input the rows of YangHuiTriangle: ");
        int n =scn.nextInt();          // 读入数组长度
        scn.close();
        if (n <=0) {                   // 行数小于 0,直接结束
            System.out.println("error");
            return;
        }
        YangHuiTriangle obj =new YangHuiTriangle(n);
        obj.print();
    }
}
```

【运行结果】

```
Input the rows of YangHuiTriangle: 7↙
```

```
1
1  1
1  2  1
1  3  3  1
1  4  6  4  1
1  5  10 10 5  1
1  6  15 20 15 6  1
```

【思考】

尝试使用递归法实现杨辉三角形，并与上述代码的运行时间进行比较。

自测题 6-23：创建二维数组

【内容】

根据用户输入的行数和列数创建二维数组，每个元素的值为其行下标和列下标的和，最后按表的形式输出该数组，每个元素之间用逗号"，"分隔。如果输入的行数或列数不是正数，则输出 error。

例如，输入 3 和 5 时，则输出为：

```
0,1,2,3,4,
1,2,3,4,5,
2,3,4,5,6,
```

自测题 6-24：一维数组转二维数组

【内容】

已有一个长度为 30 的一维数组 a 如下：

```
int[] a ={ 61, 38, 58, 67, 46, 48, 39, 63, 31, 20, 37, 62, 52, 40, 40, 22,
           29, 28, 33, 35, 31, 68, 68, 32, 55, 23, 57, 41, 33, 28 };
```

根据用户输入的列数，创建多行、指定列的二维数组，将 30 个一维数组的元素按顺序存入到二维数组中，并按表的形式输出该数组。其中二维数组的行数由数据的总个数 30 和输入的列数确定，应是能容纳 30 个数据的最小行。

如果输入的列数不是正数，则输出 error。

例如，输入列数为 7，则二维数组应为 5 行 7 列，结果为：

```
58,32,67,56,69,26,54,
51,60,31,68,64,61,54,
63,32,44,35,66,47,41,
31,48,50,23,66,42,38,
68,26,0,0,0,0,0,
```

6.9 处理二维数组

练习题 6-9：Excel 函数模拟 v1

【内容】

Excel 是广泛使用的办公软件,提供了众多函数对数据表进行各种统计及处理。请定义一个 Java 方法来实现 Excel 中的 sum()函数。

sum()函数用来计算数据表中一个数据区域的所有数据之和。一个区域由左上角和右下角的下标确定,如图 6-17 中阴影部分区域的左上角为(1,2),右下角为(4,5)。

	j=0	1	left=2	3	4	right=5	6
i=0	61	38	58	67	46	48	39
top=1	63	31	20	37	62	52	40
2	40	22	29	28	33	35	31
3	68	68	32	55	23	57	41
bottom=4	33	28	45	67	80	48	56
5	61	38	58	67	46	48	39
6	63	31	20	37	62	52	40

图 6-17　sum 函数的计算区域

在以上数据表的基础上,在主方法中依次输入求和区域的左上角和右下角下标,调用方法对区域进行求和并输出。若输入的数据不合理,直接输出 error。

例如,输入 1、2、4、5,则计算表中阴影部分区域的数据之和。

【思路】

① 一个 Excel 数据表存放多行多列的数据,使用二维数组来表示。

② 类的设计:本题对二维数组进行处理,因此可将二维数组定义为属性;需要进行数据区域求和,因此定义方法 sum()来实现;并直接在 main()方法中进行数据的读入、方法的调用及结果输出。类的 UML 图如图 6-18 所示。

ExcelImplementation
-arr : 2d_array
+ExcelImplementation()
+ExcelImplementation(in arr : 2d_array)
+sum(in a : 2d_array, in top : int, in left : int, in bottom : int, in right : int) : int
+main() : void

图 6-18　Excel 实现类的设计

③ 构造方法 ExcelImplementation():创建如图 6-17 所示的 7 行 7 列的二维数组 arr。

构造方法 ExcelImplementation(int [ ][ ] a):则根据二维数组 a 创建

ExcelImplementation 对象。

④ sum()方法要对二维数组的指定区域进行求和,方法设计如下:

```
/* *
 * @param a: 2D Array
 * @return sum of a[top][left]:a[bottom][right]
 */
public static int sum(int[][] a, int top, int left, int bottom, int right);
```

定义 s 为累加器,用 i 和 j 表示数组元素的行下标和列下标,则求和的代码为:

```
int s =0;
for (int i =top; i <=bottom; i++)
    for (int j =left; j <=right; j++)
        s +=a[i][j];
```

⑤ main()方法中只需读入数据、调用方法、输出结果即可。

【程序代码】

```
import java.util.Scanner;
public class ExcelImplementation {
    private int[][] arr;
    public ExcelImplementation() {
        int[][] a ={ { 61, 38, 58, 67, 46, 48, 39 },
                     { 63, 31, 20, 37, 62, 52, 40 },
                     { 40, 22, 29, 28, 33, 35, 31 },
                     { 68, 68, 32, 55, 23, 57, 41 },
                     { 33, 28, 45, 67, 80, 48, 56 },
                     { 61, 38, 58, 67, 46, 48, 39 },
                     { 63, 31, 20, 37, 62, 52, 40 } };
        this.arr =a;
    }
    public ExcelImplementation(int[][] a) {
        this.arr =a;
    }
    public static int sum(int[][] a, int top, int left, int bottom, int right) {
        int s = 0;
        for (int i =top; i <=bottom; i++)
            for (int j =left; j <=right; j++)
                s +=a[i][j];
        return s;
    }
    public static void main(String[] args) {
        ExcelImplementation obj =new ExcelImplementation();
        int top, left, bottom, right;
```

```
Scanner scn = new Scanner(System.in);
System.out.print("Input top left bottom right: ");
top = scn.nextInt();
left = scn.nextInt();
bottom = scn.nextInt();
right = scn.nextInt();
scn.close();
if (top<0||top>obj.arr.length||bottom<0||bottom>obj.arr.length
    ||top>bottom)
{
    // 区域的行下标不合理
    System.out.println("error");
    return;
}
if (left<0||left>obj.arr[0].length||right<0
        ||right>obj.arr[0].length
        ||left>right){
    // 区域的列下标不合理
    System.out.println("error");
        return;
}
int s = ExcelImplementation.sum(obj.arr, top, left, bottom, right);
System.out.println("sum=" +s);
    }
}
```

【运行结果】

```
Input top left bottom right: 1 2 4 5 ↙
sum=703
```

【思考】

查看 Excel 的 sumif() 函数,尝试定义一个 Java 方法来实现该函数。

自测题 6-25:Excel 函数模拟 v2

【内容】

Excel 中的 vlookup() 函数是一个非常有效的数据查找工具。例如在如表 6-1 所示的货品中查找货品 ID 为 DI-328 的货物的成本价格,即可使用 vlookup() 函数。

表 6-1　货品列表

货品 ID	货品	成本价格	涨幅
ST-340	童车	￥145.67	30%
BI-567	围嘴	￥3.56	40%

续表

货品 ID	货品	成本价格	涨幅
DI-328	尿布	￥21.45	35%
WI-989	柔湿纸巾	￥5.12	40%
AS-469	棉球	￥2.56	45%

现有一个数据表 a 如图 6-19 所示。

图 6-19　vlookup()函数的计算区域

定义 Java 方法来模拟实现 Excel 的 vlookup()函数，在数据表 a 的数据区域 a[top]
[left]:a[bottom][right]的第 1 列中查找特定的数值 value，返回 value 所在行中第 index
列的值。vlookup()函数要求数据区域已经按照第一列升序排好，如图 6-19 所示的阴影
部分区域。例如，对于图 6-19 阴影部分区域，value＝32，index＝3，vlookup()函数返回的
结果为 23。如果区域中第一列没有指定值，则返回－1。

程序中输入数据区域(top、left、bottom、right)、要查找的数据 value、列号 index(从 1
开始计数)，调用方法并输出结果。如果输入的数据不合理，则输出 error。

自测题 6-26：螺旋方阵

【内容】

n 阶顺时针螺旋方阵是指将 1～n×n 的每个数字，从左上角第 1 个格子开始，按顺时
针螺旋方向顺序填入 n×n 的方阵里。例如，5 阶螺旋方阵的值如图 6-20 所示。

1	2	3	4	5
16	17	18	19	6
15	24	25	20	7
14	23	22	21	8
13	12	11	10	9

图 6-20　5 阶螺旋方阵

编写程序,根据用户输入的行数 n(<10)创建 n 阶顺时针螺旋方阵并输出。如果输入的行数不合理,则输出 error。

6.10　二维数组之数据统计

练习题 6-10:二维数组归一化

【内容】

数据归一化是将一组数据按比例缩放,使之落入一个较小的特定区间。数据归一化可以去除数据的单位限制,将数据转化为无量纲的纯数值,使得不同单位或量级的指标能够共同参与比较或运算,在机器学习、自然语言处理、图像处理、信号处理等领域广泛使用。最简单的数据归一化方法是 min-max 归一化,通过下式将数据 x 映射到[0,1]之间的 x^* 。

$$x^* = \frac{x - min}{max - min}$$

其中 min 和 max 分别是一组数据中的最小值和最大值。

通常,用二维数组来表示一个数据表,其中每行表示一条记录,每列表示一个影响因素,对二维数组进行归一化是按列进行的。现有如下二维数组 a,按列进行 min-max 归一化,结果存入二维数组 b 中并输出。

```
int[][] a = { { 61, 38, 58, 67, 46, 48, 39 },
              { 63, 31, 20, 37, 62, 52, 40 },
              { 40, 22, 29, 28, 33, 35, 31 },
              { 68, 68, 32, 55, 23, 57, 41 },
              { 33, 28, 45, 67, 80, 48, 56 },
              { 61, 38, 58, 67, 46, 48, 39 },
              { 63, 31, 20, 37, 62, 52, 40 } };
```

【思路】

① 类的设计:本题对二维数组进行处理,因此可将二维数组定义为属性;创建和默认赋值的工作在构造方法中实现;同时为了方便处理其他二维数组,定义带参数的构造方法;定义 minmaxNormalization() 方法进行数组 arr 的归一化;定义 printA() 和 printB() 方法分别输出两个二维数组;直接在 main() 方法中进行对象创建、方法调用及输出。类的 UML 图如图 6-21 所示。

其中,arr 为原始数组,brr 存放归一化之后的结果数组。

ArrayNormalization
-arr : 2d_array
-brr : 2d_array
+ArrayNormalization()
+ArrayNormalization(in a : 2d_array)
+minmaxNormalization()
+printA() : void
+printB() : void
+main() : void

图 6-21　归一化类的设计

② 数组的排序、查找和输出均可使用 java.util.Arrays 来便捷地实现。

③ minmaxNormalization()方法中对 arr 进行按列归一化。以第 j 列为例:

	j=0	1	2	**j=3**	4	5	6
i=0	61	38	58	67	46	48	39
1	63	31	20	37	62	52	40
2	40	22	29	28	33	35	31
i	68	68	32	55	23	57	41
4	33	28	45	67	80	48	56
5	61	38	58	67	46	48	39
6	63	31	20	37	62	52	40

需要先求出第 j 列的最大值和最小值,再对第 j 列的每个元素应用公式,把计算得到的结果存入 brr 数组相应元素。minmaxNormalization()方法的实现如下。

```java
public void minmaxNormalization() {
    int min, max, i, j;
    for (j = 0; j < arr[0].length; j++) { // 每一列
        // 擂台法求第 j 列的最值
        min = max = arr[0][j];
        for (i = 1; i < arr.length; i++)
            if (arr[i][j] < min)
                min = arr[i][j];
            else if (arr[i][j] > max)
                max = arr[i][j];
        // 第 j 类的所有元素套用公式计算
        for (i = 0; i < arr.length; i++)
            brr[i][j] = 1.0 * (arr[i][j] - min) / (max - min);
    }
}
```

④ main 方法中创建对象、调用方法并输出结果。

【程序代码】

```java
public class ArrayNormalization {
    private int[][] arr;
    private double[][] brr;
    public ArrayNormalization() {
        int[][] a = {{ 61, 38, 58, 67, 46, 48, 39 },
                     { 63, 31, 20, 37, 62, 52, 40 },
                     { 40, 22, 29, 28, 33, 35, 31 },
                     { 68, 68, 32, 55, 23, 57, 41 },
                     { 33, 28, 45, 67, 80, 48, 56 },
                     { 61, 38, 58, 67, 46, 48, 39 },
                     { 63, 31, 20, 37, 62, 52, 40 } };
```

```java
        this.arr =a;
        brr =new double[arr.length][arr[0].length];
    }
    public ArrayNormalization(int[][] a) {
        this.arr =a;
        brr =new double[arr.length][arr[0].length];
    }
    public void minmaxNormalization() {
        int min, max, i, j;
        for (j =0; j <arr[0].length; j++) { // 每一列
            // 擂台法求第 j 列的最值
            min =max =arr[0][j];
            for (i =1; i <arr.length; i++)
                if (arr[i][j] <min)
                    min =arr[i][j];
                else if (arr[i][j] >max)
                    max =arr[i][j];
            // 第 j 类的所有元素套用公式
            for (i =0; i <arr.length; i++)
                brr[i][j] =1.0 * (arr[i][j] -min) / (max -min);
        }
    }
    public void printA() {
        int i, j;
        for (i =0; i <brr.length; i++) {
            for (j =0; j <brr[0].length; j++)
                System.out.printf("%3d ", arr[i][j]);
            System.out.println();
        }
    }
    public void printB() {
        int i, j;
        for (i =0; i <brr.length; i++) {
            for (j =0; j <brr[0].length; j++)
                System.out.printf("%.3f ", brr[i][j]);
            System.out.println();
        }
    }
    public static void main(String[] args) {
        ArrayNormalization obj =new ArrayNormalization();
        obj.minmaxNormalization();
        obj.printB();
    }
```

```
    }
```

【运行结果】

```
0.800 0.348 1.000 1.000 0.404 0.591 0.320
0.857 0.196 0.000 0.231 0.684 0.773 0.360
0.200 0.000 0.237 0.000 0.175 0.000 0.000
1.000 1.000 0.316 0.692 0.000 1.000 0.400
0.000 0.130 0.658 1.000 1.000 0.591 1.000
0.800 0.348 1.000 1.000 0.404 0.591 0.320
0.857 0.196 0.000 0.231 0.684 0.773 0.360
```

【思考】

在实际应用中,归一化通常都是按列进行的,为什么?

自测题 6-27:二维数组标准化

【内容】

数据标准化根据一组数据的均值和标准差对数据进行处理,经过处理的数据符合标准正态分布,即均值为 0,标准差为 1。它是最为常用的数据预处理方法,通过下式将数据 x 映射为 x*:

$$x^* = \frac{x - \mu}{\sigma}$$

其中 μ 为所有样本数据的均值;σ 为所有样本数据的标准差,按下式计算:

$$\sigma = \sqrt{\frac{\sum (x - \mu)^2}{n}}, \quad n \text{ 为样本总数}$$

标准化得到的结果是标准正态分布的数据,很多神经网络的输入数据均需进行标准化转换后再进行训练。

现有如下二维数组 a,按列进行标准化,结果存入二维数组 b 中并输出。

```
int[][] a = { { 61, 38, 58, 67, 46, 48, 39 },
              { 63, 31, 20, 37, 62, 52, 40 },
              { 40, 22, 29, 28, 33, 35, 31 },
              { 68, 68, 32, 55, 23, 57, 41 },
              { 33, 28, 45, 67, 80, 48, 56 },
              { 61, 38, 58, 67, 46, 48, 39 },
              { 63, 31, 20, 37, 62, 52, 40 } };
```

自测题 6-28:二维数组最值

【内容】

设计 ArrayMaxLocation 类来定位二维数组中的最大值及其位置。

其中二维数组 a 如下:

```
int[][] a ={ { 61, 38, 58, 67, 46, 48, 39 },
             { 63, 31, 20, 37, 62, 52, 40 },
             { 40, 22, 29, 28, 33, 35, 31 },
             { 68, 68, 32, 55, 23, 57, 41 },
             { 33, 28, 45, 67, 80, 48, 56 },
             { 61, 38, 58, 67, 46, 48, 39 },
             { 63, 31, 20, 37, 62, 52, 40 } };
```

ArrayMaxLocation 类有属性 a、max、row、column，分别表示二维数组、最大值、最大值的行下标和列下标；定义 locateMax()方法来计算最大值；定义 printArray()方法来输出数组 a。

main()方法中创建对象、调用方法，输出最大值及其行列下标。

自测题 6-29：二维数组排序

【内容】

现有如下二维数组 a，按照用户指定的列进行由小到大的冒泡排序并输出。用户输入的列号从 1 开始计数，当列号不合理时直接输出 error。

```
int[][] a ={ { 61, 38, 58, 67, 46, 48, 39 },
             { 63, 31, 20, 37, 62, 52, 40 },
             { 40, 22, 29, 28, 33, 35, 31 },
             { 68, 68, 32, 55, 23, 57, 41 },
             { 33, 28, 45, 67, 80, 48, 56 },
             { 61, 38, 58, 67, 46, 48, 39 },
             { 63, 31, 20, 37, 62, 52, 40 } };
```

例如，输入 2 时即根据第 2 列（列下标为 1）的元素进行冒泡排序，若 a[i][1]大于 a[i+1][1]，则第 i 行与第 i+1 行对换。

6.11 二维数组之矩阵操作

练习题 6-11：矩阵乘法

【内容】

矩阵乘法是矩阵基本运算之一，在机器学习、计算机视觉、自然语言处理等技术中广泛使用。矩阵乘法的运算规则如下：

$$A_{m \times s} \times B_{s \times n} = C_{m \times n}$$

$$
\begin{bmatrix}
a_{11} & a_{12} & \cdots & a_{1s} \\
\cdots & \cdots & & \cdots \\
a_{i1} & a_{i2} & \cdots & a_{is} \\
\cdots & \cdots & & \cdots \\
a_{m1} & a_{m2} & \cdots & a_{ms}
\end{bmatrix}
\times
\begin{bmatrix}
b_{11} & \cdots & b_{1j} & \cdots & b_{1n} \\
\cdots & & \cdots & & \cdots \\
b_{i1} & \cdots & b_{ij} & \cdots & b_{in} \\
\cdots & & \cdots & & \cdots \\
b_{s1} & \cdots & b_{sj} & \cdots & b_{sn}
\end{bmatrix}
=
\begin{bmatrix}
c_{11} & c_{12} & \cdots & c_{1n} \\
\cdots & \cdots & & \cdots \\
c_{i1} & c_{ij} & \cdots & c_{in} \\
\cdots & \cdots & & \cdots \\
c_{m1} & c_{mj} & \cdots & c_{mn}
\end{bmatrix}
$$

其中：$c_{ij} = a_{i1} \times b_{1j} + a_{i2} \times b_{2j} + a_{i3} \times b_{3j} + \cdots + a_{is} \times b_{sj}$

矩阵相乘要求左矩阵的列数等于右矩阵的行数，否则不能进行乘法运算。

现依次输入 A 矩阵的行数、列数和每个元素的值，以及 B 矩阵的行数、列数和每个元素的值，计算并输出 A、B 相乘的结果矩阵。若输入的行数列数不合理，直接输出 error。

以下是输入输出示例：

```
Input rows, colums ,data of array:
3 4↙
11  22  33  44↙
15  25  35  45↙
18  28  38  48↙
Input rows, colums ,data of array:
4 2↙
35  45↙
37  47↙
31  51↙
29  39↙
Result:
3498 4928
3840 5390
4236 5936
```

【思路】

① 类的设计：本题主要对两个二维数组进行乘法，定义 multiply() 方法进行运算，返回二维数组；为了方便输入矩阵的行数、列数和元素的值，定义 readMatrix() 方法进行输入，返回读入的矩阵；定义 print() 方法输出二维数组；直接在 main() 方法中进行方法调用及输出。类的 UML 图如图 6-22 所示。

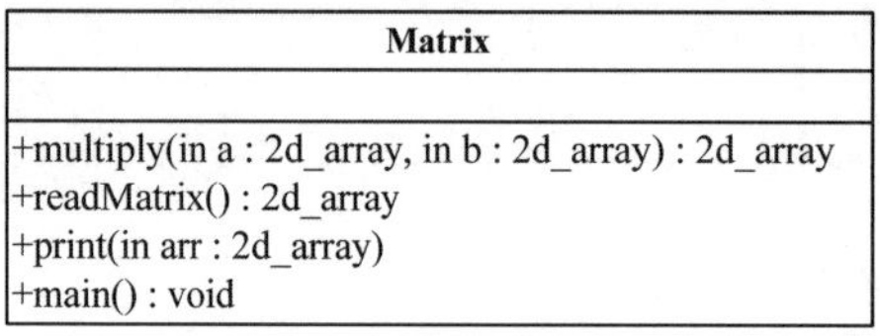

Matrix
+multiply(in a : 2d_array, in b : 2d_array) : 2d_array +readMatrix() : 2d_array +print(in arr : 2d_array) +main() : void

图 6-22　矩阵乘法类的设计

② public static int[][] multiply(int[][] a，int[][] b)：计算 a×b，返回结果矩阵。

结果数组 c 中：$c_{ij} = a_{i1} \times b_{1j} + a_{i2} \times b_{2j} + a_{i3} \times b_{3j} + \cdots + a_{is} \times b_{sj} = \sum_{k=1}^{s} a_{ik} \times b_{kj}$

需要用一层循环来求和得到。

```
for (k =0; k <a[0].length; k++)
    c[i][j] +=a[i][k] * b[k][j];
```

计算结果数组 c 中的每个元素的值，需要外加双层循环实现：

```
for (i =0; i <row; i++)          // 第 i 行
    for (j =0; j <col; j++)          // 第 j 行
        for (k =0; k <a[0].length; k++)
            c[i][j] +=a[i][k] * b[k][j];          // 累加求 c[i][j]
```

由此 multiply()方法的实现如下。

```
public static int[][] multiply(int[][] a, int[][] b) {
    int row, col, i, j, k;
    row =a.length;     col =b[0].length;
    int[][] c =new int[row][col];
    for (i =0; i <row; i++)          // 第 i 行
        for (j =0; j <col; j++)          // 第 j 行
            for (k =0; k <a[0].length; k++)
                c[i][j] +=a[i][k] * b[k][j];          // 累加求 c[i][j]
    return c;
}
```

③ 使用 read()方法进行矩阵输入;使用 print()方法进行矩阵输出;使用 main()方法进行方法调用。

【程序代码】

```
import java.util.Scanner;
public class Matrix {
    public static int[][] readMatrix() {          // 读入矩阵
        int i, j, row, col;
        Scanner scn =new Scanner(System.in);
        System.out.println("Input rows, colums, data of array:");
        row =scn.nextInt();          // 读入行数
        col =scn.nextInt();          // 读入列数
        // 数据不合理返回 null
        if (row <=0 || col <=0)
            return null;
        int[][] arr =new int[row][col];
        for (i =0; i <row; i++)
            for (j =0; j <col; j++)
                arr[i][j] =scn.nextInt();
        scn.close();
        return arr;          // 数据合理,返回矩阵
    }
    public static int[][] multiply(int[][] a, int[][] b) {          //矩阵相乘
        int row, col, i, j, k;
        row =a.length;
        col =b[0].length;
```

```
int[][] c =new int[row][col];
for (i =0; i <row; i++)          // 第 i 行
    for (j =0; j <col; j++)       // 第 j 行
        for (k =0;
            k <a[0].length; k++)
c[i][j] +=a[i][k] * b[k][j];   // 累加求 c[i][j]
return c;
}
public static void print(int[][] arr) {     // 输出矩阵
    for (int i =0; i <arr.length; i++) {
        for (int j =0; j <arr[0].length; j++)
            System.out.printf("%d ", arr[i][j]);
        System.out.println();
    }
}
public static void main(String[] args) {
    int[][] a, b, c;
    a =Matrix.readMatrix();
    b =Matrix.readMatrix();
    // 累加求 c[i][j]
    if (a ==null || b ==null || a[0].length !=b.length) {
        System.out.println("error");
        return;
    }
    c =Matrix.multiply(a, b);
    System.out.println("Result:");
    Matrix.print(c);
}
}
```

【运行结果】

如题干所述。

【思考】

在以上程序的基础上,进一步实现矩阵加法和减法。

自测题 6-30:方阵的迹

【内容】

一个方阵 A 的对角线之和称为方阵 A 的迹,在线性变换时相似矩阵的迹是相等的,都等于矩阵 A 的所有特征值之和。根据此性质,可以确定相似矩阵的一些参数值。请输入方阵的阶数和方阵的值,计算该方阵的迹并输出结果。若阶数不合理,直接输出 error。

自测题 6-31：矩阵的鞍点

【内容】

在矩阵中，一个元素在所在行中是最大值，在所在列中是最小值，则该元素称为鞍点。

例如，矩阵 $\begin{bmatrix} 1 & 2 & 3 \\ 6 & 5 & 4 \end{bmatrix}$ 的鞍点是 3，矩阵 $\begin{bmatrix} 2 & 3 & 5 \\ 4 & 5 & 1 \end{bmatrix}$ 没有鞍点。

请输入矩阵的行数、列数和矩阵、阵的值，计算该矩阵的鞍点。若有鞍点，输出鞍点的位置（行下标和列下标）；若无鞍点，输出"no saddle point"；若输入数据不合理，直接输出 error。

自测题 6-32：协方差矩阵

【内容】

在现实生活中常常会遇到含有多维数据的数据集，例如，某学生的多科成绩如表 6-2 所示。

表 6-2　学生信息表

学号	姓名	语文	数学	英语	物理
s001	曹海	74	63	66	53
s002	谢源源	90	62	84	47
s003	刘珊玲	83	72	84	67
s004	吴怡	83	67	63	49
s005	陈蓉	81	77	78	85

如果想了解不同学科之间是否存在相关性，可以使用协方差矩阵。协方差衡量的是两个随机变量间的关系，计算方法如下：

$$\text{cov}(X, Y) = \frac{\sum_{i=1}^{n}(X_i - \bar{X})(Y_i - \bar{Y})}{n - 1}$$

其中 $\bar{X}$ 为 X 列的平均值，$\bar{Y}$ 为 Y 列的平均值。

例如，语文的平均值为 82.2，数学的平均值为 68.2，则语文和数学的协方差为：

cov(语文，数学)

$$= \frac{(74-82.2) \times (63-68.2) + (90-82.2) \times (62-68.2) + \cdots + (81-82.2) \times (77-68.2)}{5-1}$$

$$= -3.55$$

协方差为正表示两者是正相关，为负表示两者是负相关，为 0 则表示两者之间没有关系，即统计上为"相互独立"。协方差数值越大则相关性越大。例如，上式表明在这组观测值中，语文和数学负相关，语文越高则数学越低，但是相关性不大。

一个 N×M 的矩阵 a 的协方差矩阵 cov 是 M×M 的，其中 cov[i][j] 为第 i 列和第 j

列的协方差。例如,以上成绩表的协方差矩阵如下所示。

	语文	数学	英语	物理
语文	cov(语文,语文)	cov(语文,数学)	cov(语文,英语)	cov(语文,物理)
数学	cov(数学,语文)	cov(数学,数学)	cov(数学,英语)	cov(数学,物理)
英语	cov(英语,语文)	cov(英语,数学)	cov(英语,英语)	cov(英语,物理)
物理	cov(物理,语文)	cov(物理,数学)	cov(物理,英语)	cov(物理,物理)

请编程计算并输出以上协方差矩阵的值。

6.12 对 象 数 组

练习题 6-12:学生信息管理 v1

【内容】

有 5 名学生的信息如表 6-2 所示。编写程序,计算并输出每名学生的总成绩。

【思路】

① 类的设计:本题对 5 名学生进行处理,每个学生均有学号、姓名、多门成绩等数据项,可以专门定义 Student 类进行建模;多个学生可用学生类型的一维数组来存储和处理。

需要求学生的总成绩,为了存放总成绩,可以为 Student 类定义 sum 属性,并定义 calSum()方法来根据对象的成绩计算总成绩。

main()方法中根据表 6-2 中的数据创建学生数组,并对每个数组元素调用 calSum()方法求得其总成绩并输出。类的 UML 图如图 6-23 所示。

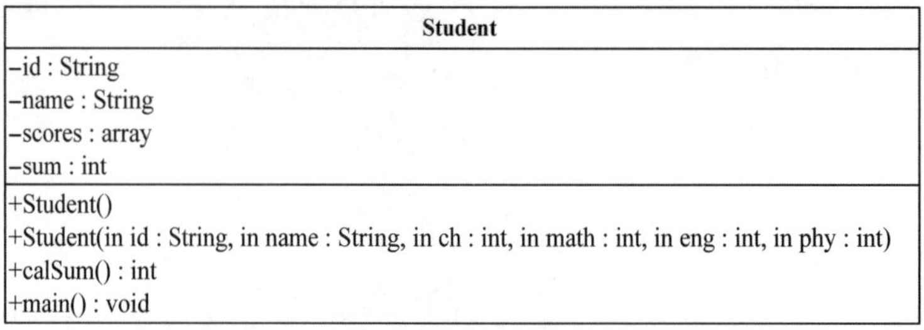

Student
–id : String
–name : String
–scores : array
–sum : int
+Student()
+Student(in id : String, in name : String, in ch : int, in math : int, in eng : int, in phy : int)
+calSum() : int
+main() : void

图 6-23 Student 类的设计

② 创建 Student 对象数组后,需要为每个数组元素 Student[i]创建对应的 Student 对象。

【程序代码】

```java
public class Student {
    private String id, name;
    private int[] scores;
```

```
    private int sum;
    public Student() {}
    public Student(String id, String name, int ch, int math, int eng, int phy) {
        this.id =id;
        this.name =name;
        this.scores =new int[4];
        this.scores[0] =ch;
        this.scores[1] =math;
        this.scores[2] =eng;
        this.scores[3] =phy;
    }
    public void calSum() {              // 计算总成绩,直接存入 sum 属性中
        this.sum =0;
        for (int each : this.scores)
            this.sum +=each;
    }
    public static void main(String[] args) {
        Student[] arr =new Student[5]; // 创建 arr 数组
        // 创建数组元素引用的对象
        arr[0] =new Student("s001", "曹海", 74, 63, 66, 53);
        arr[1] =new Student("s002", "谢源源", 90, 62, 84, 47);
        arr[2] =new Student("s003", "刘珊玲", 83, 72, 84, 67);
        arr[3] =new Student("s004", "吴怡", 83, 67, 63, 49);
        arr[4] =new Student("s005", "陈蓉", 81, 77, 78, 85);
        for (Student each : arr) {      // 遍历每个元素
            each.calSum();              // 计算总成绩
            System.out.printf("%s\t%d\n", each.name, each.sum);
        }
    }
}
```

【运行结果】

曹海	256
谢源源	283
刘珊玲	306
吴怡	262
陈蓉	321

自测题 6-33：学生信息管理 v2

【内容】

在上题数据的基础上,按从高到低的顺序输出前三名学生的名次、姓名和总成绩,如
下所示。

```
rank  name   sum
1     陈蓉    321
2     刘珊玲   306
3     谢源源   283
```

6.13　数组综合应用

自测题 6-34：九宫格

【内容】

九宫格是一款益智小游戏,在一个 3×3 的表格中分别填入 1~9 的数,使每行、每列、对角线上的 3 个数之和都等于 15,如下:

4	9	2
3	5	7
8	1	6

编写程序来填写九宫格,并输出结果。

自测题 6-35：图像均值滤波

【内容】

一幅数字图像由若干行、若干列的像素点构成,每个像素点的值为该点的颜色值,在计算机中可以使用矩阵进行存储表示。例如,在图 6-24 中,图 6-24(a)是一幅 12×11 的灰度图像,它对应的矩阵如图 6-24(b)所示。

```
253,251,248,212,252,248,254,252,201,249,252,249
250,201, 99,164,110,227,225,113,159,105,206,252
243,116,211,174,210,112,111,213,180,203,112,245
214,111,146,145,146,162,161,150,153,142,120,218
244, 80,134,121,114,127,122,123,121,121, 85,241
248,152, 49, 82, 83, 83, 81, 82, 89, 48,159,249
252,243, 78, 56, 79, 74, 76, 79, 59, 79,245,251
247,249,224, 67, 69, 83, 84, 72, 64,230,248,250
252,251,245,220, 58, 70, 72, 52,224,245,251,248
251,247,251,246,218, 49, 52,220,240,248,246,250
254,252,251,251,246,218,210,243,251,249,244,251
```

(a)　　　　　　　(b)

图 6-24　图像和像素

滤波是数字图像处理技术中的常见预处理操作之一。图像均值滤波是指图像中间的每个像素点的值用其周围像素点的均值来替换,实现模糊或消除噪音的效果。假设 F(i,j) 为 i 行 j 列像素点的值,G(i,j) 为该点滤波后的像素值,s 为该点的相邻像素点构成的集合,则 $G(i,j) = \sum_{(i,j) \in s} F(i,j)/9$。

如图 6-25 所示,中间像素点在滤波后的像素值为:(56＋79＋74＋67＋69＋83＋220＋58＋70)/9＝86。

假设图像四周边缘点的像素在均值滤波时保持不变。现有如图 6-26 所示的图片,定义一个方法对其进行均值滤波,将滤波后的结果构成结果图片,并观察原始矩阵及结果矩阵的值。

49	82	83	83	81
78	56	79	74	76
224	67	69	83	84
245	220	58	70	72
251	246	218	49	52

图 6-25　均值滤波示意　　　　图 6-26　均值滤波原始图片

提示:可使用 javax.imageio.ImageIO 类进行图像读写,使用 java.awt.image. BufferedImage 类来表示图像,BufferedImage 类提供了 getRGB() 和 setRGB() 方法来获取和设置每个像素的颜色值。详情请查阅相关资料。

自测题 6-36:图像卷积运算

【内容】

卷积运算(Convolution)是计算机视觉领域的基本操作之一。图像中每个像素并不完全是孤立存在的,每个像素都跟周围的像素相关,因此通过一个卷积核对原始图像每一个像素的局部区域进行卷积运算,提取图片的局部特征,进而进行模板匹配、目标识别、分类等。

卷积核通常是较小尺寸的矩阵,如 3×3、5×5 等,数字图像是较大尺寸的二维矩阵。

下图 6-27 展示了卷积运算的原理及过程。图中的卷积核 $kernel = \begin{bmatrix} -1 & 0 & 1 \\ -2 & 0 & 2 \\ -1 & 0 & 1 \end{bmatrix}$。

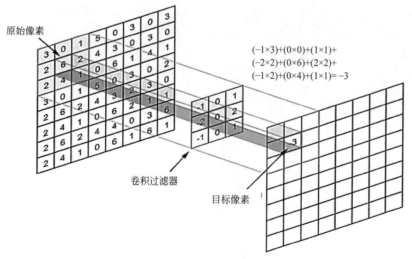

图 6-27　图像卷积运算示意

假设原始图像为 s,结果图像为 d,s(i,j)为 s 中 i 行 j 列的像素点,d(i,j)为 d 中 i 行 j 列的像素点。称 s 中以 s(i,j)为中心的 3×3 区域为窗口 window(i,j),window(i,j)也为 3×3 的矩阵。

如上所示,d(i,j)由 window(i,j)矩阵和 kernel 矩阵的每组对应像素点的乘积累加得到。

若是边缘像素,则 window(i,j)不足 3×3,此时不足区域可按 0 计算,如图 6-28 所示。

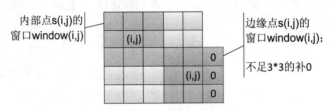

图 6-28   边缘点的处理

对图像做卷积运算时,从图像的左上角开始,选取与卷积核同样大小的窗口,窗口图像与卷积核对应起来相乘后累加,计算结果即为窗口中心像素的值。之后,窗口向右移动一列,做同样的运算。以此类推,从左到右、从上到下,即可得到一幅新的结果图像。

请编写程序对一幅原始图像进行卷积运算,卷积核 kernel $=\begin{bmatrix} -1 & 0 & 1 \\ -2 & 0 & 2 \\ -1 & 0 & 1 \end{bmatrix}$,输出原始图像及结果图像。

再次,设卷积核 kernel $=\begin{bmatrix} +1 & +2 & +1 \\ 0 & 0 & 0 \\ -1 & -2 & -1 \end{bmatrix}$,观察结果图像的变化。

常用类的使用

实验目的

(1) 掌握字符串的处理方法,熟练使用字符串类的方法来解决实际问题;

(2) 熟练掌握 Scanner 类的使用方法,能够熟练地实现各种数据输入方式;

(3) 熟悉 Math 类的方法及应用;

(4) 熟悉数据类型类的使用,能够熟练地在基本类型、字符串、对象之间进行转换;

(5) 熟悉 Java 中对日期和时间的处理;

(6) 培养对特定问题中的数据进行抽象建模的能力。

7.1   字符串处理

练习题 7-1: 从字符串中抽取数据

【内容】

从键盘上任意输入一个字符串,输出其中的数字字符。例如,如果输入的字符串为 sd12we $ * 55abc8,则输出结果为 12558。

【思路】

① 定义 String 对象 str,调用 Scanner 类的相关方法读入字符串的内容。

定义字符串对象 result 来顺序存放抽取出的数字字符,这些数字字符需要逐一拼接起来构成结果字符串,因此 result 定义为 StringBuffer 类型,初始时为空字符串。

```
String str;
StringBuffer result =new StringBuffer();
```

② result 字符串由 str 中的数字字符拼接构成,因此需要从前到后逐一判断 str 中的每个字符:若为数字字符,则追加到 result 的后面;若非数字字符,则跳过,判断下一个。代码如下:

```
for (int i =0; i <str.length(); i++) {
    char ch =str.charAt(i);        // 第 i 个字符
    if (ch >='0' && ch <='9')
        result.append(ch);         // 数字字符追加到 result 之后
}
```

【程序代码】

```java
import java.util.Scanner;
public class DigitString {
    public static void main(String[] args) {
        String str;
        StringBuffer result =new StringBuffer();
        Scanner scan =new Scanner(System.in);
        System.out.print("Input a string: ");
        str =scan.next();
        scan.close();
        for (int i =0; i <str.length(); i++) {
            char ch =str.charAt(i);       // 第 i 个字符
            if (ch >='0' && ch <='9')
                result.append(ch);         // 数字字符追加到 result 之后
        }
        System.out.println(result);
    }
}
```

【运行结果】

```
Input a string: sdlj233241451wfslfjw01j3h1l35h3lk53↙
2332445013135353
```

【思考】

在此例中，如果需要抽取字符串中的元音字母，应如何实现？

自测题 7-1：段落分句

【内容】

给定一个英文段落，统计该段落中有多少个句子并逐一输出。本题规定英文句子之间以句点"."进行分隔。

例如，给定的英文段落如下：

```
"Love is more than a word, it says so much. When I see these four letters, I
almost feel your touch. This is only happened since, I fell in love with you.
Why this word does this, I haven't got a clue."
```

输出结果如图 7-1 所示。

```
1: Love is more than a word, it says so much.
2: When I see these four letters, I almost feel your touch.
3: This is only happened since, I fell in love with you.
4: Why this word does this, I haven't got a clue.
```

图 7-1 段落分句结果

自测题 7-2：英文分词

【内容】

给定一个英文句子,将该句分割为单词并逐一输出。本题规定英文单词之间以空格符进行分隔。

例如,给定的英文句子如下:

"The company's first batch of the 2019-nCoV detection reagent boxes for 10,000 people has been sent to Wuhan for free."

输出结果如下:

[The, company's, first, batch, of, the, 2019-nCoV, detection, reagent, boxes, for, 10,000, people, has, been, sent, to, Wuhan, for, free]

注意:应去除句尾的句点。

自测题 7-3：数字三位分节法

【内容】

三位分节法指在表示一个数时,小数点两边以三个数字为一段,用逗号分隔,如"752259412"可表示成"752,259,412"。三位分节法在英语国家很方便,第 1 个三位是千(thousand),第 2 个三位是百万(million),第 3 个三位就是十亿(billion),经常应用在金融、科研、统计等领域。

输入一个数值,按照标准的三位分节格式输出。

例如,输入为"2345678"时,输出为"2,345,678.0";输入为"2345678.12345"时,输出为"2,345,678.123,45"。

自测题 7-4：微博内容分析

【内容】

微博是一种基于用户关系进行信息分享、传播、广播式的社交媒体,它通过关注机制分享简短的实时信息。以下是一段典型的新浪微博短消息:

"由腾讯邀请@李宇春 、@郎朗 担当音乐发起人,@毛不易 作词,@陆虎 ING 作曲,88 位文艺界、体育界志愿者共同参与演唱暖心歌曲《#一直到黎明#》首发! 在疫情面前,从自我行为做起.有一分热,发一分光,一起加油! 我会跟随你和我平凡的勇气;你从不畏惧知道我从未远离。"

其中:

@＋微博用户昵称(即 ID)＋空格:代表着对该用户说,它可以插入到整条微博的任何位置,如"@李宇春""@陆虎 ING"。

#＋关键字＋#:即由两个井号"#"括起来的文字代表着一个"话题",是给该微博打的一个标签,作为搜索微博时使用的关键字,如"#一直到黎明#"。

编写程序,分析并输出以上微博中包含的话题和@关系。

输出结果如下:

> @:李宇春　郎朗　毛不易　陆虎 ING
>
> #:一直到黎明

自测题 7-5：文档合并

【内容】

Microsoft Word 的文档合并功能可以根据一个文档模板对数据表中的每条记录生成对应的文档。例如,有如表 7-1 所示的学生信息表。

表 7-1　学生信息表

学号	姓名	语文	数学	英语	物理
s001	曹海	74	63	66	53
s002	谢源源	90	62	84	47
s003	刘珊玲	83	72	84	67
s004	吴怡	83	67	63	49
s005	陈蓉	81	77	78	85

文档模板如下:

> "＿＿＿同学:你好! 你本学期的成绩如下:语文＿＿＿,数学＿＿＿,英语＿＿＿,物理＿＿＿"

则第 1 条记录的文档内容应为:

> "曹海同学:你好! 你本学期的成绩如下:语文 74,数学 63,英语 66,物理 53"

请基于上述数据表和模板,编写程序模拟实现文档合并功能,根据用户输入的学号生成并输出该学号对应的文档内容。如果输入的学号不在表 7-1 范围内,则输出 error。

例如,输入"s001"时,输出结果为:

> "曹海同学:你好! 你本学期的成绩如下:语文 74,数学 63,英语 66,物理 53"

提示:可使用字符串格式化(String 类的 format()方法)进行文档内容的生成。

自测题 7-6：字符串排序

【内容】

对上题中的学生成绩表按照上题中的文档模板生成所有学生的文档内容,根据数学成绩进行从高到低的排序并输出。

输出结果如下:

陈蓉同学:你好!你本学期的成绩如下:语文 81,数学 77,英语 78,物理 85
刘珊玲同学:你好!你本学期的成绩如下:语文 83,数学 72,英语 84,物理 67
吴怡同学:你好!你本学期的成绩如下:语文 83,数学 67,英语 63,物理 49
曹海同学:你好!你本学期的成绩如下:语文 74,数学 63,英语 66,物理 53
谢源源同学:你好!你本学期的成绩如下:语文 90,数学 62,英语 84,物理 47

7.2　日期和时间处理

练习题 7-2:代码执行时间

【内容】

生成 10000 个 0～100 的随机整数,计算其平均值,并输出程序的执行时间(以毫秒为单位)。

【思路】

① 使用 Math.random()生成随机数。要生成 10000 个随机整数,使用 10000 次的循环语句即可。由于要求均值,定义累加器 sum 来存放随机整数的累加和。

```
int i, sum = 0, a;
for (i = 0; i < 10000; i++) {
    a = (int) (Math.random() * 101);            // 生成随机数
    sum += a;
}
System.out.println("average =" + 1.0 * sum / 10000);        // 输出均值
```

② Date 对象可以表示当前时间。要想计算代码执行时间,可以在代码段开始和结束处分别创建两个 Date 对象,它们之间的时间差就是该代码段的执行时间。

```
Date begin = new Date();
// 此处为代码段
Date end = new Date();
long times = end.getTime() - begin.getTime();
```

【程序代码】

```
import java.util.Date;
public class CodeRunTime {
    public static void main(String[] args) {
        Date begin = new Date();
        int i, sum = 0, a;
        for (i = 0; i < 10000; i++) {
            a = (int) (Math.random() * 101);   // 生成随机数
            sum += a;
```

```
        }
        System.out.println("average =" +1.0 * sum / 10000);   // 输出均值
        Date end =new Date();
        System.out.printf("%d milliseconds\n",
                          end.getTime() -begin.getTime());
    }
}
```

【运行结果】

```
average =50.1548
9 milliseconds
```

自测题 7-7：日历生成

【内容】

输入年份和月份值,生成并输出该月的日历。如果输入的值不合理,则输出 error。例如,输入 2020 和 1,则生成 2020 年 1 月的日历表如图 7-2 所示。

2020年1月						
一	二	三	四	五	六	日
			1	2	3	4	5
6	7	8	9	10	11	12
13	14	15	16	17	18	19
20	21	22	23	24	25	26
27	28	29	30	31		

图 7-2   2020 年 1 月的日历表

自测题 7-8：年龄计算

【内容】

以"yyyy:mm:dd"的形式输入某人的出生日期,计算并输出其在 2020 年的年龄。输入的日期不合法时输出 error。

输入输出结果如下:

```
Input a date(YYYY:MM:DD):2012:02:29↙
Age at 2020: 8
```

7.3   常用工具类综合应用

自测题 7-9：微博转发关系

【内容】

微博的转发关系标注着当前的微博是经由哪些人的转发而来,体现了社交媒体中排队围观、信息传播的精神。新浪微博中的转发形式如下：

> "我的评论//@微博用户昵称:TA的评论//……//@微博用户昵称:TA的评论"

其中双斜杠"//"主要起针对同一微博的多人多次评论的分隔作用。

例如，"鲁智深"的一段博文内容为："这是怎么了？//@宋江:他近来心情很好。//@李逵:小脸又胖了。//@武松:天气真好！"。

其中"天气真好！"是由武松发出的，依次经过了李逵和宋江的转发才转到鲁智深这里。

请编写程序，分析用户输入的一段微博字符串，输出初始博文的内容及转发关系。

例如，对上段微博，输出结果为：

> 【内容】
> 天气真好！
> 转发关系:武松->李逵->宋江
> 共转发 3 人

自测题 7-10：正向最大匹配分词

【内容】

中文分词是自然语言处理技术的基础。中文分词指的是通过程序对一段中文进行切分，形成对应的一串词语，进而可以进行分析句子结构、对句子进行成分分析、自动问答等各种处理。

例如，中文句子"我喜欢研究人类的起源"所对应的分词结果为："我" "喜欢" "研究" "人类" "的" "起源"。

中文分词算法有很多，正向最大匹配（Maximum Match Method）法是其中最简单、最直观的方法之一，其基本思想为：

设分词词典中的最长词条有 m 个字符，首先将词典中的词条按照从长到短进行排序。

① 从左向右取待切分汉语句的 m 个字符作为匹配字段。

② 查找机器词典并进行匹配。若匹配成功，则将这个匹配字段作为一个词切分出来;若匹配不成功，则将这个匹配字段的最后一个字去掉，剩下的字符串作为新的匹配字段，进行再次匹配。

重复以上过程，直到切分出所有词为止。

例如，有机器词典为{"研究生","喜欢","研究","人类","人民","起源","的","我"}，词典的最长词条长度 m＝3。对句子"我喜欢研究人类的起源"的分词步骤如下：

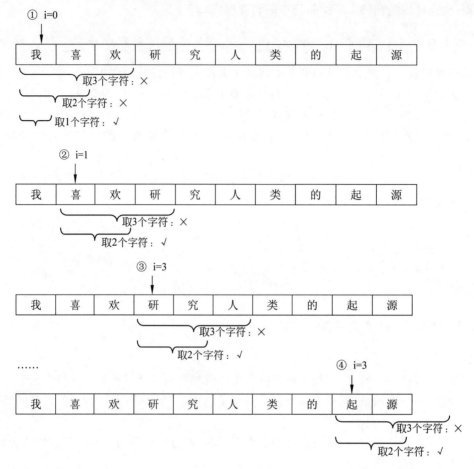

至此得到分词结果："我" "喜欢" "研究" "人类" "的" "起源"。

请编写程序,在以上机器词典的基础上,对输入的中文字符串实现正向最大匹配分词,输出分词结果。

自测题 7-11:身份证解析

【内容】

根据中华人民共和国国家标准 GB 11643-1999 中有关公民身份号码的规定,我国第二代居民身份证号码长度为 18 位,由 17 位数字本体码和 1 位数字校验码组成。以370204197012142316 为例,编码规则如下:

其中,省级代码如表 7-2 所示。

表 7-2 身份证省级代码

北京：11	天津：12	河北：13	山西：14	内蒙古：15
辽宁：21	吉林：22	黑龙江：23	上海：31	江苏：32
浙江：33	安徽：34	福建：35	江西：36	山东：37
河南：41	湖北：42	湖南：43	广东：44	广西：45
海南：46	四川：51	贵州：52	云南：53	西藏：54
重庆：50	陕西：61	甘肃：62	青海：63	宁夏：64
新疆：65	台湾：71	香港：81	澳门：82	

地市代码的范围为 01～70；区县代码的范围为 01～99；出生日期为 8 位，其中 4 位为年份，2 位为月份，2 位为日期；顺序码是对于区县范围内同一天出生的人的顺序编码；性别码为奇数表示男性，为偶数表示女性；校验码则由前 17 位按照 ISO7064：1983.MOD11-2 校验码计算得到。

ISO 7064：1983.MOD11-2 校验码计算方法如下：

前 17 位数字：　3 7 0 2 0 4 1 9 7 0 1 2 1 4 2 3 1

加权因子：　　7 9 10 5 8 4 2 1 6 3 7 9 10 5 8 4 2

① 计算 17 位数字各位数字与对应的加权因子的乘积的和 S；

$S＝3×7＋7×9＋0×10＋2×5＋0×8＋4×4＋1×2＋9×1＋7×6＋0×3＋1×7＋2×9＋1×10＋4×5＋2×8＋3×4＋1×2＝248$；

② 计算 S÷11 的余数 T：$T＝248 \bmod 11＝6$；

③ 计算（12－T）÷11 的余数 R：如果 R＝10，校验码为字母 X；如果 R≠10，校验码为数字 R。

这里 R＝（12－6）mod 11＝6，即上述 17 位数字的校验码就是 6，拼接在一起为 370204197012142316。

请编写程序，对输入的一个身份证号码进行分析：若该号码不合法，输出 error；若该号码合法，输出其对应的省市、年龄（例如，2020 年的年龄）和性别。

自测题 7-12：基因组分析

【内容】

生物学家使用字符 A、C、T 和 G 构成的序列来对基因组进行建模。基因是基因组的一个子串，基因组在三字符 ATG 之后开始，在 TAG、TAA 和 TGA 之前结束。基因字符串的长度是 3 的倍数，且基因不包含任何 ATG、TAG、TAA、TGA 这样的三字符。

例如，一段 DNA 序列为：TT<u>ATG</u>TTT<u>TAA</u>GG<u>ATG</u>GGGCGT<u>TAG</u>TT

　　　　　　　　　　　 开始 基因 结束　　开始 基因 基因 结束

则其中包含的基因有 TTT、GGG、CGT 三种。

又如，基因组字符串为：TGTGTGTATAT，其中没有基因。

编写程序,对用户输入的一个基因组字符串进行分析,输出该基因组中所有的基因字符串。如果在输入序列中没有找到任何基因,就显示 no gene。

　　输入输出结果如下:

```
Input a dna serial:TTATGTTTTAAGGATGGGGCGTTAGTT↙
TTT
GGG
CGT


Input a dna serial:TGTGTGTATAT↙
no gene
```

　　提示: Java 提供了 java.util.regex.Matcher 和 import java.util.regex.Pattern 类进行字符串的模式匹配,其中 Pattern 类用于表示一个模式,Matcher 类则针对一个模式进行匹配。请参阅资料,学习正则表达式的语法,正确表达基因组字符串;基于 Pattern 类和 Matcher 类实现基因识别。

继承与多态

实验目的

(1) 熟练掌握面向对象思想中继承的概念和实现；

(2) 理解父类和子类中方法重写的含义和作用,能够熟练实现特定情景中的方法重写；

(3) 理解类中重载方法的作用,可以熟练实现特定问题中的方法重载；

(4) 掌握抽象类和抽象方法的概念和实现；

(5) 理解引用多态的思想,能够利用多态思想解决具体问题；

(6) 掌握 Object 类的常用方法；

(7) 掌握接口的设计及实现,了解常用接口；

(8) 培养综合应用类的封装、继承和多态等特征来解决实际问题的能力。

8.1 类 的 继 承

练习题 8-1：雇员类

【内容】

已知 Employee 类对公司员工进行建模,具有姓名、基本工资、调整工资、字符串表示等成员,其定义如下：

```
class Employee {
    private String name;              // 姓名
    private double salary;            // 基本工资
    public Employee(String n, double s) {
        name =n;    salary =s;
    }
    public String getName() { return name; }
    public double getSalary() { return salary; }
    public void raiseSalary(double percent) { // 调整工资
        double raise =salary * percent / 100;
        salary +=raise;
    }
    public String toString() {        // 字符串表示
```

```
    return "Employee [name=" +name +", basic salary=" +salary +"]";
    }
}
```

员工中有一类人员是经理。经理除了有普通员工的基本工资之外,还有额外的奖金,因此经理的实际工资是其奖金与基本工资的总额。请为经理定义 Manager 类,并在程序中创建员工对象和经理对象各 1 个,输出其信息。

【思路】

① 由题意可知,经理是员工的一种,除了具备员工的所有成员外,额外多了奖金这一特征,因此 Manager 类应定义为 Employee 类的子类。

```
class Manager extends Employee        // Manager 类
{
    private double bouns;            // 经理的奖金
}
```

② 需要为 Manager 类定义构造方法,由于 Manager 类有 name、salary(父类继承)和 bonus(子类中定义)三个属性,因此定义以下两个构造方法:

```
public Manager(String n, double s) {      // bonus 默认为 0
    super(n, s);              // 调用父类构造方法设置 name 和 salary
    bouns =0;
}
public Manager(String n, double s, double b) {
    super(n, s);
    bouns =b;
}
```

③ bonus 为 Manager 类的私有属性,可定义其设置方法。

```
public void setBouns(double b) {
    bouns =b;
}
```

④ 经理的实际工资是其基本工资和奖金的和,可为 Manager 类添加获取工资的公共方法。

```
public double getSalary() {
    double baseSalary =super.getSalary();
    return baseSalary +bouns;
}
```

⑤ 为 Manager 类定义 toString()方法,方便输出信息。

⑥ 在 TestEmployee 类的 main()方法中创建 Employee 对象和 Manager 对象,输出

其信息。

【程序代码】

```
class Employee {          // Employee 类
    private String name;              // 姓名
    private double salary;            // 基本工资
    public Employee(String n, double s) {
        name = n;     salary = s;
    }
    public String getName() {     return name;      }
    public double getSalary() {      return salary;       }
    public void raiseSalary(double percent) {       // 调整工资
        double raise = salary * percent / 100;
        salary += raise;
    }
    public String toString() {       // 字符串表示
        return "Employee [name=" + name + ", basic salary=" + salary + "]";
    }
}
class Manager extends Employee {   // Manager 类
    private double bouns;               // 经理的奖金
    public Manager(String n, double s) {
        super(n, s);                    // 调用父类构造方法设置 name 和 salary
        bouns = 0;                      // bonus 默认为 0
    }
    public Manager(String n, double s, double b) {
        super(n, s);
        bouns = b;
    }
    public void setBouns(double b) {
        bouns = b;
    }
    public double getSalary() {
        double baseSalary = super.getSalary();
        return baseSalary + bouns;
    }

    public String toString() {
        return "Manager [name=" + this.getName() + ", basic salary="
                + super.getSalary() +  ", bonus=" + bouns + "]";
    }
}
public class TestEmployee {          // TestEmployee 类
    public static void main(String[] args) {
```

```
        Employee staff1 = new Employee("Harry Smith", 10000);
        staff1.raiseSalary(8);
        System.out.println(staff1);
        Manager boss = new Manager("Carl Cracker", 20000, 5000);
        boss.raiseSalary(10);
        System.out.println(boss);
    }
}
```

【运行结果】

```
Employee [name=Harry Smith, basic salary=10800.0]
Manager [name=Carl Cracker, basic salary=22000.0, bonus=5000.0]
```

自测题 8-1：参考文献

【内容】

设计 Document 类表示参考文献,有 name 属性、构造方法和输出方法。参考书籍是参考文献的一种,除了有书名外,还有作者、页数、出版社等属性。

(1) 设计 Document 类表示参考文献,要求有 name 属性。

(2) 设计 Book 类表示参考书籍,定义合理的构造方法(要求必须有作者信息),设计各私有属性的设置方法,并定义输出方法输出 Book 对象的各项信息。

(3) 定义测试类,依次读入用户输入的参考书的名字、作者和页数,创建 Book 对象,并打印输出其信息。

输入输出示例如下:

```
Input name, author and pages:
三体↙
刘慈欣↙
1283↙
name=三体,author=刘慈欣, pageCount=1283, publisher=null
```

自测题 8-2：学校人员

【内容】

学校人员中既有学生又有教工,每个人都有姓名、电话和电子邮件。学生有年级(分为大一、大二、大三、大四)和宿舍地址属性;教工有职称(分为高级、中级和初级)和办公地址属性。

设计 UniversityPerson 类表示学校人员,Student 类表示学生,Staff 类表示教工。每个类均需要设计 toString()方法,得到相应对象的各类信息。

设计测试类,创建 Student 对象和 Staff 对象,输出其信息。

自测题 8-3：几何图形

【内容】

设计 GeometricShape 表示几何图形，每个几何图形有线条颜色的属性。三角形是几何图形的一种，具有三条边长属性，以及计算周长、计算面积、输出三角形信息等三个方法。

根据以上要求，设计 GeometricShape 类和 Triangle 类，注意构造方法的设计。设计测试类，根据输入的三边长创建 Triangle 对象，输出其信息及周长和面积。如果输入的数据不合理，则输出 error。

输入输出示例如下：

```
Input a,b,c:3 4 5
perimeter=12.0
area=6.0
```

提示：假设三角形三边长为 a、b、c，面积计算如下：

$$s=(a+b+c)/2$$
$$area=\sqrt{s\times(s-a)\times(s-b)\times(s-c)}$$

8.2 方法的重写

练习题 8-2：等边三角形

【内容】

三角形具有三个边长属性，以及计算周长、计算面积、输出三角形信息等三个方法。等边三角形是三角形的一种，其三条边长都相等。设计三角形类、等边三角形类和测试类，在测试类中根据读入的边长创建等边三角形对象，输出其周长和面积。如果输入的数据不合理，则输出 error。

【思路】

① 根据题意，定义三角形类如下：

```java
class Triangle {
    protected int a, b, c;                  // protected 属性确保在子类中可访问
    public Triangle() {}
    public Triangle(int a, int b, int c) {
        this.a =a;          this.b =b;          this.c =c;
    }
    public int getPerimeter() {         //计算周长
        return a +b +c;
    }
    public double getArea() {           //计算面积
```

```
        double s = (double) (a +b +c) / 2;
        double area =Math.sqrt(s * (s -a) * (s -b) * (s -c));
        return area;
    }
    public String toString() {        //对象的字符串表示
        return "Triangle [a=" +a +", b=" +b +", c=" +c +"]";
    }
}
```

② 等边三角形是三角形的一种,为三角形的子类。由于三条边长相等,因此在创建等边三角形时只需要给出一条边的长度即可,由此:

```
class EquilateralTriangle extends Triangle {
    public EquilateralTriangle(int length) {
        super(length, length, length);
    }
}
```

③ 由于三条边长相等,等边三角形的面积计算可简化为:$area = \sqrt{3} \times a^2 / 4$。
因此,可在子类中对 getArea()方法进行重写,以快速得到面积值。

```
public double getArea() {        // 重写计算面积的方法
    return Math.sqrt(3) * a * a / 4;
}
```

④ 同理,子类中需要重写 toString()方法,得到子类特有的字符串表示。
⑤ 在 TesTriangle 类的 main()方法中根据输入的边长创建 EquilateralTriangle 对象,输出其信息。

【程序代码】

```
import java.util.Scanner;
class Triangle {
    protected int a, b, c;            // protected 属性确保在子类中可访问
    public Triangle() {}
    public Triangle(int a, int b, int c) {
        this.a =a;
        this.b =b;
        this.c =c;
    }
    public int getPerimeter() {    // 计算周长
        return a +b +c;
    }
    public double getArea() {        // 计算面积
```

```
            double s = (double) (a +b +c) / 2;
            double area =Math.sqrt(s * (s -a) * (s -b) * (s -c));
            return area;
        }
        public String toString() {        // 对象的字符串表示
            return "Triangle [a=" +a +", b=" +b +", c=" +c +"]";
        }
    }
class EquilateralTriangle extends Triangle {
        // 调用父类构造方法,设置三条边长均为 length
        public EquilateralTriangle(int length) {
            super(length, length, length);
        }
        public double getArea() {        // 重写计算面积的方法
            return Math.sqrt(3) * a * a / 4;
        }
        public String toString() {        // 重写 toString()方法,对象的字符串表示
            return "Equilateral Triangle [a=b=c=" +a +"]";
        }
    }
public class TestTriangle {
        public static void main(String[] args) {
            Scanner scn =new Scanner(System.in);
            System.out.print("Input the length of side: ");
            int length =scn.nextInt();
            scn.close();
            EquilateralTriangle obj =new EquilateralTriangle(length);
            System.out.println(obj);
            System.out.println("area="+obj.getArea());
        }
    }
```

【运行结果】

```
Input the length of side: 10
Equilateral Triangle [a=b=c=10]
area=43.301270189221924
```

【思考】

尝试重写子类中的 getPerimeter()方法。

自测题 8-4：Point 类

【内容】

已知 Point 类的定义如下：

```
class Point {
    protected float x, y;
    public Point() {}
    public Point(float x, float y) {
        this.x = x;          this.y = y;
    }
    public float getX() {   return this.x;   }
    public float getY() {   return this.y;   }
    public void print() {
        System.out.println("Point: [" + x + "," + y + "]");
    }
}
```

定义 Point3d 类是 Point 类的子类。

（1）在 Point3d 类中增加一个属性成员 z。

（2）定义 Point3d 类的带参构造方法，设置 x、y 和 z 的值。

（3）重写 print()方法，输出 x、y 和 z 的值。

设计测试类，根据用户输入的前两个坐标值创建 Point 对象，根据用户之后输入的三个坐标值创建 Point3d 对象，分别调用 print()方法输出对象的属性值。

输入输出示例如下：

```
Input (x, y):1 2↙
Input (x, y, z):-1 -2 -3↙
Point: [1.0,2.0]
Point3d: [-1.0,-2.0,-3.0]
```

自测题 8-5：手机类

【内容】

每部手机都有厂商、型号等信息，具有拨打电话的功能。5G 手机是手机中的一种，具有其特有的拨打电话功能。为手机设计 MobilePhone 类，为 5G 手机设计 MobilePhone5G 类，实现两个类的拨打电话功能。

设计测试类，根据用户输入的厂商、型号和联系人姓名，创建对象并调用方法实现拨打电话操作。若型号后缀为 5G，则创建 MobilePhone5G 对象，否则创建 MobilePhone 对象。

输入输出示例如下：

```
Input the vendor:Huawei↙
Input the type:Mate30pro-5G↙
Input the name to call:Li Ming↙
```

```
5G-phone[Huawei-Mate30pro-5G] is calling to Li Ming

Input the vendor:Huawei↙
Input the type:Mate30pro↙
Input the name to call:Wang Qiang↙
phone[Huawei-Mate30pro] is calling to Wang Qiang
```

自测题 8-6：打印机

【内容】

打印机有针式打印机、喷墨打印机、激光打印机等三种。每种打印机都具有打印功能，将当前打印机的类型和给定的字符串输出到显示器上。请设计各个类，并通过重写方法实现各类打印机的打印功能。

设计测试类，在其 main()方法中依次读入打印机的类型编号和待打印的字符串，创建相应对象并调用方法实现打印输出。

规定打印机的类型编号为：1-针式打印机、2-喷墨打印机、3-激光打印机。若输入的类型编号不是 1～3，直接输出 error 并结束程序。

输入输出示例如下：

```
Type ID
1: DotMatrixPrinter
2: InkpetPrinter
3: LaserPrinter
Input the type id of printer:2↙
Input the data to print:Hello,Java!↙
喷墨打印机:Hello,Java!

Type ID
1: DotMatrixPrinter
2: InkpetPrinter
3: LaserPrinter
Input the type id of printer:5↙
error
```

8.3　方法的重载

练习题 8-3：加法器

【内容】

在一个加法器类 AddOperator 中定义 add()方法实现加法运算。add()方法可以实现两个整数的加法、三个整数的加法，得到整型结果；也可对两个或三个实型数求和，得到实型结果;还可以对两个或三个字符串进行连接,得到拼接之后的字符串。

【思路】

① 根据题意,要使 AddOperator 类中的 add()方法实现 6 种不同的、具体的加法功能,可以使用方法重载来实现。

② 以整数的加法为例,既有两个整数的加法,也有三个整数的加法,因此需要定义 2 个重载方法,如下:

```java
public int add(int n1, int n2)
{    // 两个整数相加
    return n1 +n2;
}
public int add(int n1, int n2, int n3)
{    // 三个整数相加
    return n1 +n2 +n3;
}
```

③ 同理,对 2 个或 3 个实型数和字符串的运算需要定义 4 个重载的 add()方法。

④ 在调用 add()方法时,根据实参的类型、个数及顺序来自动执行相应的重载方法。

⑤ 重载发生在同一个类中,可以提高可读性。

【程序代码】

```java
public class AddOperator {
    public int add(int n1, int n2) {                        // 两个整数相加
        return n1 +n2;
    }
    public int add(int n1, int n2, int n3) {                //三个整数相加
        return n1 +n2 +n3;
    }
    public double add(double n1, double n2) {               // 两个实型数相加
        return n1 +n2;
    }
    public double add(double n1, double n2, double n3) {  // 三个实型数相加
        return n1 +n2 +n3;
    }
    public String add(String n1, String n2) {               // 两个字符串连接
        return n1 +n2;
    }
    public String add(String n1, String n2, String n3) {  // 三个字符串连接
        return n1 +n2 +n3;
    }
    public static void main(String[] args) {
        AddOperator obj =new AddOperator();
        System.out.println(obj.add("Hello", "Java"));
```

```
                System.out.println(obj.add(1.234, 5.678, 8.90));
        }
}
```

【运行结果】

```
HelloJava
15.812000000000001
```

【思考】

在此例中,如果要对不确定个数的数据进行运算,应如何实现?请查找资料,了解 Java 的可变长参数。

自测题 8-7:实付工资

【内容】

创建 SalaryCalculator 类,用来计算员工的实付工资。与工资有关的数据有:工作小时、每小时工资、扣缴率、工资提留比例、应得工资总额、实付工资。其中,应得工资总额 = 工作小时×每小时工资;每小时工资固定为 100.00 元。

创建 3 个 calculateNetPay() 方法,用来计算员工的实付工资,实付工资的计算公式为:

$$应付工资=应得工资×(1-工资提留比例)×(1-扣缴率)$$

计算规则如下:

① 若提供了工作小时、扣缴率和工资提留比例这 3 项数据,则直接按上式计算。

② 若提供了工作小时和工资提留比例这 2 项数据,则扣缴率按 15% 计算。

③ 若仅提供工作小时这 1 项数据,则按照扣缴率 15%、工资提留比例 4.65% 计算。

在 main() 方法中读入数据项的个数和各项数据的值,调用方法计算实付工资并输出,要求保留两位小数。规定数据项的输入顺序为:工作小时→工资提留比例→扣缴率。

如果输入的数据项的个数不是 1~3,直接输出 error 并结束程序。

输入输出示例如下:

```
Input number of data:1↙
Input the working hours:161↙
13048.647500000001

Input number of data:2↙
Input the working hours:350↙
Input retain rate:0.03↙
28857.5

Input number of data:3↙
Input the working hours:160↙
```

```
Input retain rate:0.06
Input withholding rate:0.1
13536.0
```

自测题 8-8：打招呼

【内容】

设计 SayHello 类，通过方法重载分别实现对教师和学生打招呼的功能。教师具有姓名和职称属性，学生则具有姓名和年级属性。对教师打招呼时，显示的信息形如"Hello, prof. Wang"；对学生打招呼时，显示的信息形如"Hello, Xiao Ming in Grade 4"。

在 main()方法中提示用户输入类型：教师类输入 1，学生类输入 2。当用户输入为 1 时，依次读入教师姓名和职称，调用方法对该教师打招呼；当用户输入为 2 时，依次读入学生姓名和年级，调用方法对该学生打招呼。若用户输入的类型不是 1 或 2，直接输出 error 并结束程序。

输入输出示例如下：

```
Teacher(1) or Student(2):1
Input name:Wang Ning
Input level:prof
Hello, prof Wang Ning

Teacher(1) or Student(2):2
Input name:Xiao Ming
Input grade:4
Hello, Xiao Ming in Grade 4

Teacher(1) or Student(2):3
error
```

提示：Scanner 的 nextInt()方法在读取数值时，不会将转义字符读进去，因此换行字符会留在输入缓冲区中；nextLine()方法是以换行字符为结束符将整行数据和换行符读入。因此会出现 nextInt()方法后的 nextLine()方法读入空字符串的现象。以下两种方法可以解决此问题。

（1）在 nextInt()方法和 nextLine()方法中间多加入一个 nextLine()方法调用，如下：

```
int n=scan.nextInt();
scan.nextLine();          // 把留存在缓冲区中的换行符读走
String line =scan.nextLine();
```

（2）数值也使用 nextLine()方法读取，并通过数据类型类的 parseXXX()转换，如下：

```
int n =Integer.parseInt(scn.nextLine());
```

8.4 抽象方法与抽象类

练习题 8-4：汽车类

【内容】

设计汽车类 Car，具有 getInfo( )方法，用来得到当前汽车对象的简单品牌描述信息。汽车有不同品牌之分，如宝马汽车、大众汽车、丰田汽车等。设计 BMWCar、DasCar、ToyotaCar 等三个类，具体实现 getInfo( )方法。

设计测试类 TestCar，在 main( )方法中读入用户输入的汽车品牌，创建对应品牌的汽车对象，并输出其简单描述信息。

【思路】

① 由题意可知，Car 是父类，BMWCar、DasCar、ToyotaCar 是子类。父类 Car 中具有 getInfo( )方法，但父类中并没有任何品牌的信息，因此 getInfo( )方法应为抽象方法，父类 Car 应为抽象类，不可实例化。

```
abstract class car {
    public abstract String getInfor();
}
```

② BMWCar 是 Car 的子类，BMWCar 汽车对象的品牌信息就是"BMW"，因此可以在 BMWCar 类中直接实现父类 Car 中的 getInfo( )方法，如下：

```
class BMW extends car {
    public String getInfo() {
        return "This is BMW";
    }
}
```

DasCar 和 ToyotaCar 子类同上。

③ TestCar 类中添加 main( )方法，读入用户输入的品牌，创建对象。

【程序代码】

```
import java.util.Scanner;
abstract class car {
    public abstract String getInfo();
}
class BMWCar extends car {
    public String getInfo() {
        return "This is BMW";
    }
}
```

```
class DasCar extends car {
    public String getInfo() {
        return "This is Das";
    }
}
class ToyotaCar extends car {
    public String getInfor() {
        return "This is Ford";
    }
}
public class TestCar {
    public static void main(String[] args) {
        Scanner scan = new Scanner(System.in);
        System.out.print("Input car brand:");
        char ch = scan.next().charAt(0);
        scan.close();
        if (ch == 'B' || ch == 'b') {
            BMWCar b = new BMWCar();
            System.out.println(b.getInfo());
        }
        else if (ch == 'D' || ch == 'd') {
            DasCar d = new DasCar();
            System.out.println(d.getInfo());
        }
        else if (ch == 'F' || ch == 'f') {
            FordCar m = new ToyotaCar();
            System.out.println(m.getInfo());
        }
        else
            System.out.println("error");
    }
}
```

【运行结果】

```
Input car brand:bmw↙
This is BMW
Input car brand:das↙
This is Das
```

【思考】

抽象方法的作用是什么？

自测题 8-9：动物家族

【内容】

动物和鸟类之间是继承关系。动物类 Animal 的结构如图 8-1 所示。

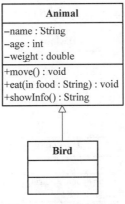

图 8-1　动物类的结构

请设计 Bird 类,包括构造方法,以及 move()和 eat()方法的具体实现。

设计测试类,在 main()方法中创建一个 Bird 对象,读入键盘输入的鸟名称、年龄、重量、食物名称,调用 move()和 eat()方法实现 Bird 对象的运动和吃食。

输入输出示例如下：

```
Input name:ahuang
Input age:2
Input weight:0.7
Input food:insect
name:ahuang age:2 weight:0.7
ahuang fly
ahuang eat insect
```

8.5　引用多态

练习题 8-5：汽车销售

【内容】

顾客在购买汽车时,卖家需要根据顾客的需求提取商品。用户需要指定的车型来确认订单。设计如图 8-2 所示的 Java 类：

getInfo()方法用来得到当前汽车对象的简单品牌描述信息,格式为“This is BMW”。

定义 CarSales 类,其成员如图 8-3 所示。

其中,getCar()方法根据汽车品牌字符串 name 生成对应的子类对象,如 name 为 BMW 时生成 BMWCar 对象并返回。若 name 不是 BMW、Das、Toyota 之一,则返回 null

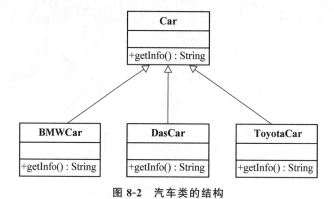

图 8-2　汽车类的结构

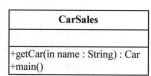

图 8-3　CarSales 类的结构

即可。

在 main()方法中读入用户输入的汽车品牌,生成对象并输出其简单品牌描述信息。

【思路】

①依题意,定义抽象类 Car 和子类 BMWCar、DasCar、ToyotaCar。Car 类中的 getInfo()为抽象方法,在各子类中为 getInfo()方法定义具体的方法体。

```java
abstract class Car {
    public abstract String getInfo();
}
class BMWCar extends Car {
    public String getInfo() {
        return "This is BMW";
    }
}
class DasCar extends Car {
    public String getInfo() {
        return "This is Das";
    }
}
class ToyotaCar extends Car {
    public String getInfo() {
        return "This is Toyota";
    }
}
```

② CarSales 中的 getCar()方法返回各子类对象,可能为 BMWCar 对象、DasCar 对象或 ToyotaCar 对象。由引用多态可知,父类引用可以指向任何的子类对象,因此 getCar()方法的返回类型设计为 Car 类,定义如下:

```
public static Car getCar(String name) {
    if (name.equalsIgnoreCase("BMW"))
        return new BMWCar();
    else if (name.equalsIgnoreCase("Das"))
        return new DasCar();
    else if (name.equalsIgnoreCase("Toyota"))
        return new ToyotaCar();
    else
        return null;            //不是三种品牌则返回 null
}
```

③ CarSales 中的 main()方法读入用户输入,调用 getCar()得到对象引用,并调用对象的 getInfo()方法得到对象描述字符串。注意对象为空的情况。

【程序代码】

```
abstract class Car {
    public abstract String getInfo();
}
class BMWCar extends Car {
    public String getInfo() {
        return "This is BMW";
    }
}
class DasCar extends Car {
    public String getInfo() {
        return "This is Das";
    }
}
class ToyotaCar extends Car {
    public String getInfo() {
        return "This is Toyota";
    }
}
public class CarSales {
    public static Car getCar(String name) {
        if (name.equalsIgnoreCase("BMW"))
            return new BMWCar();
        else if (name.equalsIgnoreCase("Das"))
            return new DasCar();
```

```
        else if (name.equalsIgnoreCase("Toyota"))
            return new ToyotaCar();
        else
            return null;              // 不是三种品牌则返回 null
    }
    public static void main(String[] args) {
        Scanner scn = new Scanner(System.in);
        System.out.print("Input the car brand you want:");
        String str = scn.next();
        scn.close();
        Car obj = CarSales.getCar(str);
        if (obj == null)
            System.out.println("error");
        else
            System.out.println(obj.getInfo());
    }
}
```

【运行结果】

```
Input the car brand you want:das↙
This is Das


Input the car brand you want:benz↙
error
```

【思考】

根据上述输出结果,思考一下:obj 是 Car 类引用,调用 getInfo()方法时,是 Car 类的 getInfo()方法还是子类的 getInfo()方法? 请深入理解动态绑定的含义。

自测题 8-10:宝宝吃水果

【内容】

设计 Baby 类对宝宝进行建模,具有姓名、喜爱的水果名等两个属性,以及吃水果的方法。

其中,宝宝爱吃的水果有苹果、葡萄和芒果这三种,每种水果均有价格属性和 getInfo() 方法。getInfo()方法需要返回当前对象的类名字符串,如 Apple 类的 getInfo()方法返回 "Apple"。请设计相关的各水果类,注意其中存在的继承关系。

设计测试类,在其 main()方法中读入姓名、水果名,创建 Baby 对象,调用吃水果的方法来输出信息。若输入的水果名不是上述三种,则输出 error。

输入输出示例如下:

```
Input your name:oliver↙
```

```
Input your favourite fruit:mango↙
oliver eats Mango

Input your name:ming↙
Input your favourite fruit:apple↙
ming eats Apple

Input your name:wang↙
Input your favourite fruit:peach↙
error
```

8.6　继承 java.lang.Object 类

练习题 8-6：全等三角形

【内容】

三角形类 Triangle2 用于对三角形建模。已知三条边长分别相等的两个三角形是全等三角形,其形状、边长和角都是一样的。

在 Triangle2 类的基础上,编写程序,依次输入两个三角形的三条边长,判断这两个三角形是否是全等三角形。若是,输出 yes;若不是,输出 no;若读入的任一组数据无法构成三角形,则输出 error。

【思路】

① 先设计三角形类 Triangle2,应具有 3 条边长属性 a、b、c,具有构造方法和 toString() 方法。由于后续要涉及三条边长的比较,因此规定三条边长 a、b、c 的顺序为由短到长。相应地,为便于排序,将构造方法的参数设置为长为 3 的整型数组,构造方法中先排序再赋值。

```java
class Triangle2 {
    protected int a, b, c;        // 规定:由短到长
    public Triangle2(int[] sides) {
        Arrays.sort(sides);
        this.a = sides[0];
        this.b = sides[1];
        this.c = sides[2];
    }
    @Override
    public String toString() { // 对象的字符串表示
        return "Triangle [a=" + a + ", b=" + b + ", c=" + c + "]";
    }
}
```

② 两个三角形全等指其对应的三条边长均相等,如何判断对象相等呢? Object 是

Java 的超类,所有类默认继承自 Object。而 Object 类中的 equals()方法定义如下:

```java
public boolean equals(Object obj) {
    return (this ==obj);
}
```

由代码可知,默认情况下仅当两个对象为同一个对象时才返回 true。若两个对象指向不同的对象,即便对象的各属性值都相等,也只能返回 false。这不满足全等三角形的要求,因此需要在 Triangle2 中重写 equals()方法,具体实现两个三角形相等的判断。重写的 equals()方法如下:

```java
@Override
public boolean equals(Object obj) {
    if (this ==obj)
        return true;            // 引用相等,指向同一个对象
    if (obj ==null)
        return false;           // obj 没有指向任何对象
    if (obj instanceof Triangle2) {
        // obj 必须指向 Triangle2 对象
        Triangle2 other =(Triangle2) obj;
        // 需要比较的字段相等,则这两个对象相等
        if (this.a ==other.a && this.b ==other.b && this.c ==other.c)
            return true;
    }
    return false;               // obj 指向的不是 Triangle2 对象
}
```

③ 重写 equals()方法后需要重写 Object 类中的 hashCode()方法,使得对象相等时其哈希值也相等。对象相等使用 a、b、c 来确定,因此哈希值也应该由 a、b、c 计算得到。定义如下:

```java
@Override
public int hashCode() {
    int result =179;
    result =a ^ result +b ^ result >>1 +c ^ result >>2;
    return super.hashCode();
}
```

④ 设计 EqualObject 类,设计其 isTriangle()方法来判断读入的一组边长能否构成三角形。

```java
public static boolean isTriangle(int[] a) { // 数组 a 中的三个数能否构成三角形
    if (a[0] <0 || a[1] <0 || a[2] <0)
        return false;
```

```
        if (a[0] +a[1] >a[2] && a[0] +a[2] >a[1] && a[1] +a[2] >a[0])
            return true;
        return false;
    }
```

在 main()方法读入两组边长，创建对象并测试。

【程序代码】

```java
import java.util.Arrays;
import java.util.Scanner;
class Triangle2 {
    protected int a, b, c;                 // 规定：由短到长
    public Triangle2(int[] sides) {
        Arrays.sort(sides);
        this.a =sides[0];
        this.b =sides[1];
        this.c =sides[2];
    }
    @Override
    public String toString() {      // 对象的字符串表示
        return "Triangle [a=" +a +", b=" +b +", c=" +c +"]";
    }
    @Override
    public boolean equals(Object obj) {
        if (this ==obj)     return true;       // 引用相等，指向同一个对象
        if (obj ==null)     return false;      // obj 没有指向对象
        if (obj instanceof Triangle2) {        // obj 必须指向 Triangle2 对象
            Triangle2 other =(Triangle2) obj;
            // 需要比较的字段相等，则这两个对象相等
            if (this.a ==other.a && this.b ==other.b && this.c ==other.c)
                return true;
        }
        return false;                          // obj 指向的不是 Triangle2 对象
    }
    @Override
    public int hashCode() {
        int result =179;
        result =a ^ result +b ^ result >>1 +c ^ result >>2;
        return result;
    }
}
public class EqualObject {
    // 数组 a 中的三个数能否构成三角形
    public static boolean isTriangle(int[] a) {
```

```
        if (a[0] <0 || a[1] <0 || a[2] <0)
            return false;
        if (a[0] +a[1] >a[2] && a[0] +a[2] >a[1] && a[1] +a[2] >a[0])
            return true;
        return false;
    }
    public static void main(String[] args) {
        int[] sides1 =new int[3];                // Triangle1 的三条边长
        int[] sides2 =new int[3];                // Triangle2 的三条边长
        Scanner scn =new Scanner(System.in);
        System.out.print("Triangle 1:");
        for (int i =0; i <sides1.length; i++)
            sides1[i] =scn.nextInt();
        System.out.print("Triangle 2:");
        for (int i =0; i <sides2.length; i++)
            sides2[i] =scn.nextInt();
        scn.close();
        if ( EqualObject.isTriangle(sides1) ==false
                || EqualObject.isTriangle(sides2) ==false) {
            System.out.println("error");
            return;
        }
        Triangle2 obj1 =new Triangle2(sides1);
        Triangle2 obj2 =new Triangle2(sides2);
        if (obj1.equals(obj2))
            System.out.println("equal");
        else
            System.out.println("not equal");
    }
}
```

【运行结果】

```
Triangle 1:3 5 6↙
Triangle 2:8 7 9↙
not equal

Triangle 1:5 6 8↙
Triangle 2:8 6 5↙
equal

Triangle 1:10 20 30↙
Triangle 2:75 68 214↙
error
```

【思考】

在设计类时通常会重写 Object 类的 toString()方法,为什么? 请查看 Object.toString() 的源代码,思考其原因。

自测题 8-11：Cat 类的 toString()方法

【内容】

创建一个 Cat 类。

(1) 包含名称(name)、年龄(age)、重量(weight)、颜色(color)等属性。

(2) 定义无参数、带参数(4 个)的构造方法。

(3) 重写方法 public String toString()方法,得到对象的属性值字符串,字符串的格式如"Cat[huahua:1-year:0.4kg:yellow]"。

设计测试类 TestCat,在其 main()方法中依次读入名称、年龄、重量、颜色的值,创建 Cat 对象并输出其信息。

输入输出示例如下:

```
Input name, age, weight and color of a cat:
huahua 1 0.4 yellow
Cat[huahua:1-year:0.4kg:yellow]
```

自测题 8-12：同一个人

【内容】

设计 Person 类来对人员建模,每个人员有姓名、身份证号、年龄等 3 个属性。此处认为姓名、身份证号和年龄都相同的是同一个人。

设计测试类,从控制台依次输入两组数据,创建对应的 Person 对象,判断两组数据是否是同一个人:若是,输出 true,否则输出 false;若身份证号相等、但姓名或年龄不等,则输出 error data。

输入输出示例如下:

```
Person 1:wanggang 11024589 18
Person 2:wanggang 11036895 20
false
```

8.7　接口的设计及实现

练习题 8-7：带 GPS 的汽车

【内容】

已有 DasCar 类表示大众车,其成员如图 8-4 所示。

GPS 功能可以获取汽车的当前位置。各品牌汽车有的带有 GPS 功能,有的不带。请

DasCar
+getInfo() : String

图 8-4   DasCar 类

设计带 GPS 功能的 DasCar 子类和不带 GPS 功能的 DasCar 子类,重写其 getInfo()方法。

另设计测试类,在其 main()方法中询问用户是否带 GPS 功能,并根据用户的回答来创建相应的 DasCar 子类对象。若带有 GPS 功能,输出其位置信息;若不带 GPS 功能,则输出其信息。

【思路】

① 依据题意,需要创建 DasCar 的两个子类: DasCarWithGPS 和 DasCarWithoutGPS。DasCar 的定义如下:

```
class DasCar{
    public String getInfo() {
        return "This is Das";
    }
}
```

② GPS 功能可以通过接口来定义。GPS 的功能是获取汽车的当前位置,因此在 GPS 接口中需要定义获取位置的方法。

如何表示一个位置呢? 此处需要定义 Point2d 类。

```
class Point2d {
    private int x, y;
    public Point2d() {}
    public Point2d(int x, int y) {
        this.x =x;
        this.y =y;
    }
    public String toString() {
        return String.format("(%d,%d)", x, y);
    }
}
```

接口 GPS 的定义如下:

```
interface GPS {
    Point2d getLocation();          // 获取位置的方法
}
```

③ DasCarWithGPS 子类有位置信息,添加 loc 属性。要获取其位置,则需要实现接口 GPS,定义如下:

```
class DasCarWithGPS extends DasCar implements GPS {
    private Point2d loc;
    public DasCarWithGPS() {}
    public DasCarWithGPS(Point2d loc) {
        this.loc =loc;
    }
    public String getInfo() {          // 重写 getInfo()方法,添加位置信息
        return "This is Das at" +this.loc;
    }
    @Override
    public Point2d getLocation() {    // 实现接口 GPS 中的方法,获取位置
        return this.loc;
    }
}
```

④ DasCarWithoutGPS 子类没有位置信息,无须实现接口,仅重写 getInfo()方法即可。

```
class DasCarWithoutGPS extends DasCar {
    public String getInfo() {
        return "This is Das without GPS";
    }
}
```

⑤ 创建测试类 TestGPS,实现输入、创建对象调用方法。

【程序代码】

```
import java.util.Scanner;
class Point2d {              // 表示位置
    private int x, y;
    public Point2d() {      }
    public Point2d(int x, int y) {
        this.x =x;
        this.y =y;
    }
    @Override
    public String toString() {
        return String.format("(%d,%d)", x, y);
    }
}
class DasCar {
    public String getInfo() {
        return "This is Das";
    }
}
```

```
    }
interface GPS {        // 接口 GPS 的定义
    Point2d getLocation();
}
// 带 GPS 功能的 DasCar 子类
class DasCarWithGPS extends DasCar implements GPS {
    private Point2d loc;
    public DasCarWithGPS() {}
    public DasCarWithGPS(Point2d loc) {
        this.loc =loc;
    }
    public String getInfo() {              // 重写 getInfo()方法,添加位置信息
        return "This is Das at" +this.loc;
    }
    public Point2d getLocation() {         // 实现接口 GPS 中的方法,获取位置
        return this.loc;
    }
}
class DasCarWithoutGPS extends DasCar { // 不带 GPS 功能的 DasCar 子类
    public String getInfo() {              // 重写 getInfo()方法
        return "This is Das without GPS";
    }
}
public class TestGPS {                      // 测试类
    public static void main(String[] args) {
        Scanner scn =new Scanner(System.in);
        System.out.print("Need GPS? (Yes or No):");
        String str =scn.next();
        if (str.equalsIgnoreCase("Yes")) {
            System.out.print("Input x and y:");
            int x =scn.nextInt();
            int y =scn.nextInt();
            scn.close();
            DasCarWithGPS obj =new DasCarWithGPS(new Point2d(x, y));
            System.out.println(obj.getLocation());     //调用方法获取位置并输出
        }
        else if (str.equalsIgnoreCase("No")) {
            DasCarWithoutGPS obj =new DasCarWithoutGPS();
            System.out.println(obj.getInfo());
        }
        else {
            System.out.println("error");
        }
```

```
        }
    }
```

【运行结果】

```
Need GPS? (Yes or No):yes↙
Input x and y:158 359↙
(158,359)

Need GPS? (Yes or No):no↙
This is Das without GPS
```

【思考】

此例中接口 GPS、Point2d、DasCar、DasCarWithGPS 和 DasCarWithoutGPS 之间的关系如何？请思考。

自测题 8-13：可食用的对象

【内容】

生活中有些东西是可以吃的,有些是不能吃的,例如,动物中的鸡、鸭、鱼可以吃,但老虎狮子不能吃。不同物品的食用方法也是不一样的,如鸡、鸭、鱼可以烤着吃,苹果可以做成苹果派吃,橙子可以做成果汁喝。

请定义 Edible 接口来表示一个对象是可以食用的,其中包含一个方法 howToEat( )用来输出该对象的类名及吃法。

设计 Chicken 类、Tiger 类、Watermelon 类和 Orange 类,根据具体情况实现接口 Edible。

设计测试类 TestEdible,读入用户要创建的类名,创建相应对象。若该对象可以食用,输出其吃法;若不可食用,输出"＊＊＊ can't eat";若输入的不是以上四类,则输出"I don't know"。

输入输出示例如下：

```
Input the name (Chicken,Tiger,Pineapple,Orange):chicken↙
Chicken: fry it
Input the name (Chicken,Tiger,Pineapple,Orange):tiger↙
Tiger can't eat
Input the name (Chicken,Tiger,Pineapple,Orange):apple↙
I don't know
```

自测题 8-14：可比较的三角形

【内容】

生活中常常需要对数据进行比较,数值可以直接比较大小,字符或字符串可以比较 Unicode 编码,而两个对象如何比较？ Java 提供了 Comparable 接口来实现两个同类对象的比较。

设计 Triangle3 类表示可比较的三角形,两个三角形对象按照周长来比较大小。在 main()方法中读入两个三角形的三条边长,创建对象,比较大小,并输出结果。输出格式为:T1>T2、T1<T2、T1=T2;若输入的三条边长无法构成三角形,则输出 error。

输入输出示例如下:

```
Triangle 1:32 58 45↙
Triangle 2:48 58 88↙
T1<T2

Triangle 1:1 2 3↙
Triangle 2:4 5 6↙
error
```

自测题 8-15:按成绩排序

【内容】

有 5 名学生的信息如表 8-1 所示。基于 Comparable 接口实现学生对象的大小比较,并按照总成绩由高到低排序并输出前三名的学生信息。

表 8-1　学生信息表

学号	姓名	语文	数学	英语	物理
s001	曹海	74	63	66	53
s002	谢源源	90	62	84	47
s003	刘珊玲	83	72	84	67
s004	吴怡	83	67	63	49
s005	陈蓉	81	77	78	85

输出格式如下。

```
rank    name    sum
1       陈蓉     321
2       刘珊玲   306
3       谢源源   283
```

8.8　类的综合设计

自测题 8-16:微信群红包

【内容】

微信群中的每个成员都可以在群中发红包,编写程序来模拟此操作,要求如下:

（1）对微信用户进行建模。微信用户有微信号和微信账户余额，可以接收红包，也可以在指定微信群中发放指定数量的红包，红包总额可以指定，发放红包的方式可以是均等红包或随机红包两种。

（2）每个微信群有一个群主。群主是微信用户的一种，具有删除群成员、发布群公告等特殊权限。请对群主进行建模。

（3）对微信群进行建模。每个微信群有群名、最多 99 个群成员和 1 个群主。微信群需要具有输出所有群成员的功能。

（4）设计测试类，输入群名，创建包含以下成员的微信群，并输出微信群中各成员的账户总额。

```
boss:      100.00←群主
user1:      50.00⎫
user2:      15.00⎪
user3:      20.00⎬群成员
user4:      30.00⎪
user5:      40.00⎭
```

再依次输入发红包的成员编号、红包总金额、红包个数和红包类型，进行发红包的操作，最后再次输出微信群中各成员的账户余额。

输入输出示例如下。

```
***USTB2020***
boss:      100.00
user1:      50.00
user2:      15.00
user3:      20.00
user4:      30.00
user5:      40.00
Who want to send red envelope?(user1~ user5 or boss):boss↙
How much red envelope? 20↙
Type of red envelope?(0 for equal, 1 for random):1↙
***USTB2020***
boss:      81.74
user1:      53.67
user2:      19.57
user3:      23.50
user4:      34.81
user5:      41.70
```

自测题 8-17：宠物商店

【内容】

宠物商店可以购入宠物，也可以出售宠物。宠物具有吃东西和玩耍的能力。宠物主人可以在宠物商店购买宠物,可以给宠物起名字,可以陪宠物玩,喂宠物。主人每次与宠物有关的行为都会增加宠物与主人的亲密值。

要求如下:

(1) 宠物商店的宠物有猫和狗两种。宠物有编号、品种、名字、与主人的亲密值等属性,有吃东西、玩耍等行为。猫和狗的行为不同。

(2) 宠物主人有姓名属性,每个主人仅能养一只宠物。主人可以从宠物商店里购买宠物,可以喂宠物吃东西,和宠物一起玩耍,或者为宠物起名字。

(3) 宠物商店有名字,有最多 100 只宠物可供出售。宠物商店可以进购宠物,可以出售宠物。

(4) 设计宠物商店测试类,显示操作菜单,根据用户的输入实现相应功能。

输入输出示例如下。

```
----贝壳宠物商店----
Cat[C1:波斯猫]
Cat[C2:加菲猫]
Dog[D3:哈士奇]
Dog[D4:中华田园犬]
Cat[C5:中华田园猫]
Dog[D6:牧羊犬]
----贝壳宠物商店----
1.查看现有宠物
2.进购宠物
3.出售宠物
4.退出
输入您的选择:2↙
猫(1) or 狗(2)? 1↙
品种? 波斯猫↙
名字? bo↙
贝壳宠物商店现有 7 只宠物
----贝壳宠物商店----
1.查看现有宠物
2.进购宠物
3.出售宠物
4.退出
输入您的选择:1↙
----贝壳宠物商店----
Cat[C1:波斯猫]
Cat[C2:加菲猫]
Dog[D3:哈士奇]
Dog[D4:中华田园犬]
Cat[C5:中华田园猫]
Dog[D6:牧羊犬]
```

Cat[C7:波斯猫]
---- 贝壳宠物商店----
1.查看现有宠物
2.进购宠物
3.出售宠物
4.退出
输入您的选择:3↙
---- 贝壳宠物商店----
Cat[C1:波斯猫]
Cat[C2:加菲猫]
Dog[D3:哈士奇]
Dog[D4:中华田园犬]
Cat[C5:中华田园猫]
Dog[D6:牧羊犬]
Cat[C7:波斯猫]
出售给谁? xiaoming↙
出售哪只宠物? 4↙
wang 出售给 xiaoming
----贝壳宠物商店----
1.查看现有宠物
2.进购宠物
3.出售宠物
4.退出
输入您的选择:1↙
---- 贝壳宠物商店----
Cat[C1:波斯猫]
Cat[C2:加菲猫]
Dog[D3:哈士奇]
Cat[C5:中华田园猫]
Dog[D6:牧羊犬]
Cat[C7:波斯猫]
---- 贝壳宠物商店----
1.查看现有宠物
2.进购宠物
3.出售宠物
4.退出
输入您的选择:4↙
再见!

自测题 8-18：简单考试系统

【内容】

编写一个简单的考试程序,在控制台完成抽题和答题的交互。试题(Question)分为单选(SingleChoice)和多选(MultiChoice)两种。其中,单选题和多选题继承自试题类。

要求如下:

(1) 在 MultiChoice 类中实现参数为(String text,String[] options,char[] answers)的构造方法。在 SingleChoice 类实现参数为(String text,String[] options,char answer)的构造方法。

(2) 在 MultiChoice 和 SingleChoice 类中重写 Question 类的 check()方法,分别实现多选题的验证答案和单选题的验证答案方法。判题规则如下:

- 用户输入答案时,大小写均应支持;
- 判断单选题正误时,如果用户未作答,或者选项多于 1 个均视为答错;
- 判断多选题正误时,如果用户未作答,选项多或者少于标准答案,或者选项错误均视为答错。多选题答案需要连续输入,选项之间不要有空格、回车等多余字符。多选题允许用户输入的答案次序与标准答案不同,即只要正确选择了所有选项即可。

(3) 设计测试类进行随机抽题、答题和判题。

输入输出示例如下。

```
开始答题...
被誉为我国革命音乐的奠基人的是(   )。
A.冼星海
B.郑律成
C.聂耳
D.刘天华
请选择:C↙
回答正确!


开始答题...
    周某夜间驾驶大货车在没有路灯的城市道路上以 90km/h 的速度行驶,一直开启远光灯,在通过一窄路时,因加速抢道,导致对面驶来的一辆小客车撞上右侧护栏。周某的主要违法行为是(   )?
    A.超速行驶
    B.不按规定会车
    C.疲劳驾驶
    D.不按规定使用灯光
    请选择:BAD↙
    回答正确!
```

异 常 处 理

实验目的

（1）掌握 Java 异常处理的基本思想和流程，熟悉异常、异常类、异常处理等概念之间的关系和区别；

（2）熟练掌握常见的异常类及其处理方法；

（3）掌握自定义异常类的设计方法，能够针对实际问题中的错误或异常情况进行自定义异常类和自定义异常对象的抛出；

（4）熟练掌握 try-catch-finally 语句进行异常捕获和处理的过程，包括多异常的处理；

（5）培养对复杂业务问题中的异常或错误进行分析、建模的能力，并能够在业务逻辑中合理进行异常的抛出、捕获和处理过程，保障程序的健壮性。

9.1　常见异常类

练习题 9-1：InputMismatchException 异常

【内容】

在银行业务系统中实现取款操作时，需要用户从键盘输入取款金额（实型）。如果输入是实型，则输出"取款金额为 XXX"，否则输出"输入非实型数"。请编写程序捕获输入非实型的异常。

【思路】

① 使用 Scanner 类来读入实型数时，nextDouble()方法会抛出多种异常：

```
public double nextDouble() throws InputMismatchException,
        NoSuchElementException, IllegalStateException;
```

当读入的数据不是 double 类型时，系统自动抛出 InputMismatchException 异常。

② 为了解决读入非 double 类型的异常情况，需要使用 try-catch 语句捕获并处理。

③无论是否出现异常，均需输出"程序结束"，输出语句可以放在 finally 块中实现。

【程序代码】

```
import java.util.InputMismatchException;
import java.util.Scanner;
```

```
public class TestInputMismatchException {
    public static void main(String[] args) {
        System.out.print("请输入取款金额:");
        Scanner scn = new Scanner(System.in);
        try {
            double amount = scn.nextDouble();
            System.out.println("取款金额为" + amount);
        }
        catch (InputMismatchException e) {
            System.out.println("输入非实型数");
        }
        scn.close();
        System.out.println("程序结束");
    }
}
```

【运行结果】

请输入取款金额:123↙
取款金额为 123.0
程序结束

请输入取款金额:abc↙
输入非实型数
程序结束

【思考】

修改程序,通过异常处理来确保读入的数据一定为 double 值。

自测题 9-1:ArrayIndexOutOfBoundsException 异常

【内容】

创建一个长度为 10 的随机整型数组,每个数组元素的值为 0~100。用户输入元素下标,显示对应的元素值。如果输入的下标越界,提示"下标越界"。

输入输出示例如下:

输入下标:5↙
a[5]=79

输入下标:20↙
下标越界

自测题 9-2：NumberFormatException 异常

【内容】

从键盘输入一行字符串，其内容为由空格符隔开的两个整数，如"123 456"。计算这两个整数的和并输出结果。如果输入字符串中没有两个数字或者非数字，则提示"输入不合法"。如果输入字符串中有非整数，则提示"非整数"。

输入输出示例如下。

```
输入两个整数：123 abc↙
非整数
程序结束


输入两个整数：abcd100↙
输入不合法
程序结束


输入两个整数：123 456↙
123+456=579
程序结束
```

9.2 自定义异常

练习题 9-2：账户余额不足

【内容】

在银行业务系统中，用户从账户中取款时可能余额不足的情况。请使用 try-catch-finally 语句处理自定义异常，要求如下。

（1）自定义异常类 InsufficientException 表示余额不足的异常情况。

（2）为了实现从账户中取款的操作，定义银行账户类，其中含有取款方法 withdraw()。

（3）在程序中读入账户余额和取款额，输出最终的账户余额。

【思路】

① 余额不足是银行业务中的特殊异常情况，可设计自定义异常类 InsufficientException。

```java
class InsufficientException extends Exception {
    double amount;
    public InsufficientException(double d) {
        this.amount =d;
    }
    public String toString() {
        return "账户余额不足:" +amount;
    }
}
```

② 定义银行账户类 BankAccount，属性 balance 表示当前的账户余额，方法 withdraw()实现账户取款操作。当取款金额大于账户余额时，抛出 InsufficientException 异常。

```java
class BankAccount {
    private String name;
    private double balance;
    public BankAccount(String name) {
        this(name, 0);
    }
    public BankAccount(String name, double b) {
        this.name =name;
        this.balance =b;
    }
    public double getBalance() {
        return balance;
    }
    public void withdraw(double amount) throws InsufficientException {
        if (amount >this.balance)
            throw new InsufficientException(amount);
        this.balance -=amount;
    }
}
```

③ 在 main()方法中读入账户名、余额和取款金额，创建银行账号，调用 withdraw() 进行取款操作，注意需要使用 try-catch 语句捕获并处理。

④ 注意程序中自定义异常类（InsufficientException）、银行账号类（BankAccount）和测试类（TestInsufficientException）三者之间的关系。

【程序代码】

```java
public class TestInsufficientException {
    public static void main(String[] args) {
        Scanner scn =new Scanner(System.in);
        System.out.print("用户名:");
        String name =scn.next();
        System.out.print("账户余额:");
        double balance =scn.nextDouble();
        System.out.print("取款额:");
        double amount =scn.nextDouble();
        scn.close();
        BankAccount ba =new BankAccount(name, balance);
        try {
            ba.withdraw(amount);
```

```
        }
        catch (InsufficientException e) {
            System.out.println(e.toString());
        }
        finally {
            System.out.println("账户余额为" +ba.getBalance());
        }
    }
}
```

【运行结果】

```
用户名:java↙
账户余额:100↙
取款额:50↙
账户余额为 50.0

用户名:wangming↙
账户余额:100↙
取款额:150↙
账户余额不足 150.0
账户余额为 100.0
```

【思考】

如果有一组银行账号,根据输入的用户名来从指定账号取款,应如何实现?

自测题 9-3：负取款金额

【内容】

从键盘输入一个实型数表示取款金额,如果是正实数则输出"取款 XXX",否则输出"错误:取款金额 XXX 为负"。

当用户输入实型数为负数时为异常情况,请自定义异常类表示取款额为负的异常。

输入输出示例如下。

```
取款金额:-123↙
错误:取款金额-123.0 为负
程序结束

取款金额:100↙
取款 100.0
程序结束
```

自测题 9-4：圆半径为负

【内容】

现有 Circle 类表示圆，其成员包括：三个属性，分别表示圆心横坐标、圆心纵坐标和半径；两个构造方法，1 参数构造方法设置半径值，3 参数构造方法设置所有属性值；一个普通方法用来计算圆面积。

在创建 Circle 对象时可能发生半径值为负的异常，请自定义异常类 InvalidRadiusException 表示此种异常。

在主类 TestInvalidRadiusException 中输入圆心的横、纵坐标和半径值，若正常则输出对应圆面积，若半径为负则进行异常处理。

输入输出示例如下：

```
Input x,y and r:1 2 5
Area=78.54


Input x,y and r:1 2 -5
Invalid radius:-5.0
```

自测题 9-5：用户名已注册

【内容】

在一个用户管理系统中注册用户时，可能存在用户名已注册的情况导致注册失败。

（1）自定义异常类 AccountExistException：含两个构造方法：无参、1 参数（用户名）；重写 toString()方法返回"×××已注册"（×××为用户名）。

（2）在主类 TestAccountExitException 中使用字符串数组 users 保存当前已注册的用户名。users 数组中包括 aaa、bbb、ccc、ddd、eee 等 5 个用户名。

读入用户从键盘输入的待注册用户名 str。如果该用户名已存在，请使用 throw 语句抛出 AcountExitException 异常，并调用异常对象的 toString()方法输出出错信息。

如果该用户名不存在，输出"成功注册"。

输入输出示例如下。

```
输入待注册用户名:aaa
aaa 已注册

输入待注册用户名:xiaoming
成功注册
```

9.3 try-catch-finally 异常处理

自测题 9-6：日期异常

【内容】

编写一个日期转换的程序,输入数字式、"年/月/日"格式的日期,将其转换为"日-月-年"格式的英文日期并输出。如果输入日期不合法,则提示"输入的日期 XXX 有误",请自定义异常进行处理。

例如,输入"2020/9/1"时,输出"1-Sep-2020";输入为"2020/9/31"时,输出"输入的日期 2020/9/31 有误"。

输入输出示例如下。

```
Input a date(yyyy/MM/dd):2020/2/29↙
29-Feb-2020


Input a date(yyyy/MM/dd):2020/9/31↙
输入的日期 2020/9/31 有误
```

9.4 多异常处理

练习题 9-3：取款问题

【内容】

小明去银行取款,他要从键盘输入取款金额。输入的取款金额有以下要求：实型数据、非负数、不能超过账户余额。请使用 Java 异常处理进行以下各种异常情况的处理：

(1) 输入非实型数,提示"错误：非实型数";

(2) 输入为实型数,但为负值,则提示"错误：取款金额 XXX 为负";

(3) 自定义异常类 InsufficientException 表示余额不足的异常情况。当输入为正实型数、但超过了账户余额,则提示"错误：账户余额不足 XXX";

(4) 假设账户余额初始值为 1000,在程序中读入取款额,如果正常取出,则输出"已支取 XXX,账户余额为 YYY"。如果不能正常取出,则按照以上规则输出提示信息。

【思路】

① 使用 Scanner 类的 nextDouble() 方法读入数据,非实型数时抛出 InputMismatchException 异常,在该异常的 catch 块中处理。

② 定义异常类 NegativeAmountException 表示取款额为负的异常。

```java
class NegativeAmountException extends Exception {
    double amount; // 表示取款额
    public NegativeAmountException(double a) {
```

```
        amount =a;
    }
    public String toString() {    // 重写
        return "错误:取款金额" +amount +"为负";
    }
}
```

若读入为负值,抛出 NegativeAmountException 异常,在该异常的 catch 块中处理。

③ 余额不足是银行业务中的特殊异常情况,定义异常类 InsufficientException。

```
class InsufficientException extends Exception {
    double amount;
    public InsufficientException(double d) {
        this.amount =d;
    }
    public String toString() {
        return "错误:账户余额不足" +amount;
    }
}
```

若读入的取款金额大于账户余额,抛出 InsufficientException 异常,在该异常的 catch 块中处理。

【程序代码】

```
import java.util.InputMismatchException;
import java.util.Scanner;
class NegativeAmountException extends Exception {
    double amount; // 表示取款额
    public NegativeAmountException(double a) {
        amount =a;
    }
    public String toString() { // 重写
        return "错误:取款金额" +amount +"为负";
    }
}
class InsufficientException extends Exception {
    double amount;
    public InsufficientException(double d) {
        this.amount =d;
    }
    public String toString() {
        return "账户余额不足" +amount;
    }
}
```

```java
public class TestMultipleExceptions {
    public static void main(String[] args) {
        Scanner scn = new Scanner(System.in);
        double balance = 1000, amount;
        System.out.print("请输入取款金额:");
        try {
            amount = scn.nextDouble();
            if (amount < 0)
                throw new NegativeAmountException(amount);
            else if (amount > balance)
                throw new InsufficientException(amount);
            else {
                balance += amount;
                System.out.printf("已支取%.2f,账户余额为%.2f",
                                    amount, balance);
            }
        }
        catch (InputMismatchException e) {
            System.out.println("错误:非实型数");
        }
        catch (NegativeAmountException e) {
            System.out.println("错误:取款金额" + e.amount + "为负");
        }
        catch (InsufficientException e) {
            System.out.println("错误:账户余额不足" + e.amount);
        }
        finally {
            scn.close();
        }
    }
}
```

【运行结果】

请输入取款金额:500↙
已支取 500.00,账户余额为 1500.00

请输入取款金额:abc↙
错误:非实型数

请输入取款金额:-500↙
错误:取款金额-500.0为负

请输入取款金额：2000↙
错误：账户余额不足 2000.0

自测题 9-7：数据求商

【内容】

从键盘依次输入两个整数，计算两个数的商，可能出现的异常情况如下：

（1）如果输入的数不是整数，输出"输入非整数"；

（2）如果输入为整数，但是除数为 0，输出"除数为零"；

（3）如果输入为整数，除数不为 0，则计算两个数的商（保留两位小数），输出"商为 XX.XX"；

（4）最后输出"程序结束"。

输入输出示例如下。

输入两个整数：12.3 45↙
输入非整数
程序结束

输入两个整数：123 0↙
除数为零
程序结束

输入两个整数：123 45↙
商为 2.73
程序结束

自测题 9-8：民用车牌号码

【内容】

我国民用车牌分为普通车牌和新能源车牌，编码规则如下。

（1）普通车牌号码长度为 7 位，格式为：

第 1 位	第 2 位	第 3 位	第 4 位	第 5 位	第 6 位	第 7 位
省份简称	发证机关代码	号码	号码	号码	号码	号码

其中，

省份简称有：京、津、冀、晋、蒙、辽、吉、黑、沪、苏、浙、皖、闽、赣、鲁、豫、鄂、湘、粤、桂、琼、川、贵、云、渝、藏、陕、甘、青、宁、新、港、澳、台。

发证机关代码：A、B、C、D、E、F、G、H、J、K、L、M、N、P、Q、R、S、T、U、V、W、X、Y（无 I、O、Z）。

号码：数字 0～9，字母 A、B、C、D、E、F、G、H、J、K、L、M、N、P、Q、R、S、T、U、V、W、X、Y、Z（无 I、O）。

（2）新能源车牌号码长度为 8 位，格式为：

第 1 位	第 2 位	第 3 位	第 4 位	第 5 位	第 6 位	第 7 位	第 8 位
省份简称	发证机关代码	号码	号码	号码	号码	号码	号码

其中，

省份简称和发证机关代码同（1）。

第 3 位：1～9、D、F。

第 4 位：1～9、A～Z(无 I、O)。

第 5～7 位：0～9。

第 8 位：1～9、D、F。

其中，当第 3 位为 D 或 F 时，第 4 位可以是字母和数字，第 5～8 位必须为数字；当第 8 位为 D 或 F 时，第 3～7 位必须为数字。

编写程序，定义异常类表示普通车牌号码异常和新能源车牌号码异常。程序中输入一个字符串，分析其是否为合法车牌，以及是哪类车牌。

输入输出示例如下。

```
输入车牌:京 OIFC01↙
错误的普通车牌


输入车牌:京 N08018↙
合法普通车牌


输入车牌:京 PDQ089M↙
错误的新能源车牌


输入车牌:京 PF32567↙
合法新能源车牌
```

9.5 异常处理综合

自测题 9-9：危险品检查

【内容】

车站安检时，如果发现危险品会报警。编程模拟安检设备发现危险品的情况。

（1）自定义异常类 DangerException，重写 toString()方法输出"XXX 属于危险品"。

（2）定义安检设备类 Machine，其中的方法 checkBag(String bagName)在 bagName 中含有 gun 时认为是危险品，会抛出 DangerException 对象，需要使用 throw 语句抛出异常，使用 throws 声明异常。

如果 bagName 不含 gun，则输出："XXX 通过安检"。

（3）在 main()方法中测试以上类：读入键盘输入的机器名称和物品名称 XXX（字符

串),输出结果。

输入输出示例如下:

> 输入安检设备名:machine1↙
> 输入物品名称:gun↙
> gun 属于危险品
>
> 输入安检设备名:machine2↙
> 输入物品名称:books↙
> books 通过安检

自测题 9-10:vlookup 查找数据

【内容】

定义 vlookup()方法在数据表中查找数据,方法头如下:

```
int vlookup(int id, int[][] table, int col);
```

其中 table 是数据表,要求按照第 1 列的值升序排列;id 是指在数据表的第 1 列中查找值为 id 的数据行;col 指要得到在上述数据行中的第 col 列的数据。

(1) 定义异常类 UnsortedException、NoResultException、TableException、ColException,分别表示数据表未排好序、没有要查找的数据、数据表为空、col 非正常范围等 4 种异常情况。

(2) 定义 ExcelTools 类,其中含有 vlookup()方法。

(3) 定义测试类,在其中生成一个 8 行 5 列的随机数组。读入 id 和 col 值,调用 vlookup()方法,输出找到的结果。

(4) 注意各类异常的处理。

输入输出格式如下:

> Input id and col:5 3↙
> 数组未按照第 1 列排序
>
> Input id and col:3 2↙
> 数组为空
> Input id and col:5 -3↙
> 第 3 个参数有误
>
> Input id and col:-5 3↙
> 没有要查找的数据
>
> Input id and col:5 4↙
> 1

输入输出流

实验目的

（1）掌握 File 类的使用方法，能够通过 File 类进行各种文件操作和属性查询；

（2）掌握使用 RandomAccessFile 类进行文件随机访问的方法；

（3）学习各类输入输出流的使用方法，熟练掌握常见的特定类型数据的输入输出、文件输入输出、缓冲输入输出和打印输入输出等类的使用；

（4）结合实际问题进行数据建模、输入、处理、输出，培养学生的问题求解能力。

10.1 文 件 操 作

练习题 10-1：目录和文件创建

【内容】

编写程序，使用 File 类进行文件和目录创建及信息查询，要求如下：

（1）在工程目录下创建以下目录：root、root\dir1、root\dir2；然后在 root\dir1 下创建两个空文件 doc1.txt 和 doc2.dat。

（2）将以上操作的日志逐一输出到屏幕上，如下所示：

```
create directory: Root, Mon Apr 23 16:09:49 CST 2018
```

（3）将工程目录下的文件 t1.gif 复制到 dir2 中，输出 dir2\t1.gif 的以下信息：路径、长度、上次编辑时间、是否是文件夹、是否可执行。

【思路】

① 使用 System.getProperty("user.dir")；获取当前工程目录的实际路径。

```
String path =System.getProperty("user.dir");
```

② 定义 root 目录对应的 File 对象，并调用 mkdir()方法来创建目录。

```
File dir =new File(path +"\\root");
// File dir =new File("root");
dir.mkdir();    // 创建实际目录
```

也可不指定 path，默认路径即在工程目录下。

若需要创建文件,则调用文件对象的 createNewFile()方法。注意进行异常处理,如下所示:

```
File doc1 =new File(dir1, "doc1.txt");
try {
    doc1.createNewFile();
}
catch (IOException e) {
    e.printStackTrace();
    System.exit(1);
}
```

③ 每次进行文件操作时记录下当时时间,并输出到屏幕上。

④ 文件的各项信息可以调用其文件对象的各个方法给出。注意文件的最新修改时间使用 lastModified()方法获取,得到的是毫秒数,需要转为 Date 对象后输出。

```
System.out.println("last modified: " +new Date(newGif.lastModified()));
```

【程序代码】

```
import java.io.File;
import java.io.IOException;
import java.util.Date;
public class TestFile {
    public static void main(String[] args) {
        Date date;
        String path =System.getProperty("user.dir");
        File dir =new File(path +"\\root");
        dir.mkdir();
        date =new Date();
        System.out.println("create directory root: " +date);        //输出日志
        File dir1 =new File(dir, "dir1");
        dir1.mkdir();                    //创建 dir1 目录
        date =new Date();
        System.out.println("create directory dir1: " +date);        //输出日志
        File dir2 =new File(dir, "dir2");
        dir2.mkdir();                    //创建 dir2 目录
        date =new Date();
        System.out.println("create directory dir2: " +date);        //输出日志
        File doc1 =new File(dir1, "doc1.txt");
        File doc2 =new File(dir1, "doc2.dat");
        try {
            doc1.createNewFile(); //创建 doc1.txt 文件
            date =new Date();
            System.out.println("create file doc1.txt:   " +date);//输出日志
```

```
        doc2.createNewFile();        //创建 doc2.data 文件
        date = new Date();
        System.out.println("create file doc2.data: " +date);//输出日志
    }
    catch (IOException e) {
        e.printStackTrace();
        System.exit(1);
    }
    System.out.println("\n---------t1.gif----------");
    File gif = new File("t1.gif");
    File newGif = new File(dir2, gif.getName());
    gif.renameTo(newGif);              //通过 rename()方法进行文件移动
    System.out.println("path: " +newGif.getPath());
    System.out.println("length: " +newGif.length());
    System.out.println("last modified: " +
                            new Date(newGif.lastModified()));
    System.out.println("is directory? " +newGif.isDirectory());
    System.out.println("can execute? " +newGif.canExecute());
    }
}
```

【运行结果】

```
create directory root: Wed Jan 20 14:53:46 CST 2021
create directory dir1: Wed Jan 20 14:53:46 CST 2021
create directory dir2: Wed Jan 20 14:53:46 CST 2021
create file doc1.txt:  Wed Jan 20 14:53:46 CST 2021
create file doc2.data: Wed Jan 20 14:53:46 CST 2021

---------t1.gif----------
path: D:\progSpace\JavaSpace\JavaLabBook\files\root\dir2\t1.gif
length: 71063
last modified: Mon Apr 23 15:12:50 CST 2018
is directory? false
can execute? true
```

自测题 10-1：列出目录下的文件

【内容】

编写程序,列出工程目录下的文件。输出结果如图 10-1 所示。

```
D:\progSpace\JavaSpace\JavaLabBook
    .classpath
    .project
    .settings
    bin
    root
    src
```

图 10-1　遍历本层目录

自测题 10-2：遍历目录

【内容】

编写程序,列出工程目录及其子目录中的所有文件,对目录进行递归。输出结果如图 10-2 所示。

```
root
    dir1
        doc1.txt
        doc2.dat
    dir2
        t1.gif
```

图 10-2　遍历目录

自测题 10-3：ls 命令模拟

【内容】

Linux 的 ls 命令是最常见的目录操作命令,其主要功能是显示当前目录下的内容。此命令的基本格式为:ls［选项］［目录名称］。

其中几个典型的选项及其功能如下。

- -a:显示全部的文件,包括隐藏文件和当前目录(".")、父目录(".."),不包括子目录中的文件。
- -A:显示全部的文件,包括隐藏文件,不包括当前目录(".")和父目录(".."),不包括子目录中的文件。
- -R:显示全部的文件,包括子目录下的内容。

当命令中有选项时,按选项列出文件;如果命令中不含选项,默认选项为-a。当命令中有目录名称时,按选项列出指定的目录中的文件;如果命令中不含目录名称,则按选项列出默认目录中的文件。

编写程序模拟实现 ls 命令,读入 ls 命令,在屏幕中输出相应的信息(假设默认目录为当前工程目录)。如果输入的 ls 命令不合法,则输出 illegal command。

输入输出如下所示。

```
ls                                      ls -A
D:\progSpace\JavaSpace\JavaLabBook      D:\progSpace\JavaSpace\JavaLabBook
    .                                           .classpath
    ..                                          .project
    .classpath                                  .settings
    .project                                    bin
    .settings                                   root
    bin                                         src
    root
    src

ls  -a root                             ls -A    root
D:\progSpace\JavaSpace\JavaLabBook\root D:\progSpace\JavaSpace\JavaLabBook\root
    .                                           dir1
    ..                                          dir2
    dir1
    dir2


ls -R   root                            ls -a root dir
root                                    illegal command
    dir1
        doc1.txt
        doc2.dat
    dir2                                ls    -d
        t1.gif                          illegal command
```

10.2　字节流：文件输入输出

练习题 10-2：读写文件

【内容】

编写程序，使用 FileOutputStream 类将以下各数据写入到工程目录中的 lxt2.dat 中，数据如下：

> 学院路 30 号
> 机电楼
> 123.456
> 555

然后使用 FileInputStream 类从该文件中读出数据，显示在屏幕上。

【思路】

① FileOutputStream 允许应用程序按字节方式往文件中写入数据。此处需依据 lxt2.dat 的文件字符输出流来创建 FileOutputStream 对象。

```
FileOutputStream dos =new FileOutputStream("lxt2.dat");
```

② 需要写入到文件的数据有两个字符串和一个 double 值和一个 int 值，以及换行符。由于 FileOutputStream 只有 3 个写方法，如下所示：

• void write(byte[ ] b)：将字节数组 b 写出。

- void write(byte[ ] b, int off, int len)：将字节数组 b 的指定字节写出。
- abstract int write(int b)：将 b 的低字节写出。

因此字符串、double 值必须要转成字节数组来输出，如下所示：

```
byte[] b1 ="学院路 30 号".getBytes();
fos.write(b1);
String str =String.valueOf(123.456);
byte[] b3 =str.getBytes();
fos.write(b3);
```

int 值和字符 Unicode 编码值如果小于 256（即高字节全为 0）时可以直接通过。超过 256 需要转为字符数组输出，如下所示：

```
fos.write('\n');
str =String.valueOf(555);
byte[] b4 =str.getBytes();
fos.write(b4);
```

③ 以上通过 FileOutputStream 写入数据后，可以由 FileInputStream 读取出来。FileInputStream 允许应用程序逐字节读入数据。此处应创建 FileInputStream 对象。

```
FileInputStream fis =new FileInputStream("lxt2.dat");
```

④ 严格按照写入的顺序依次读取每项数据。

以字节数组形式写入的字符串，需要通过 dis.read(b) 形式读取，如下所示：

```
fis.read(b1);      // 读第 1 个字符串到 b1 数组中
System.out.println(new String(b1));
fis.read();        // 读第 1 个换行符
fis.read(b2);      // 读第 2 个字符串到 b2 数组中
System.out.println(new String(b2));
fis.read();        // 读第 2 个换行符
```

以字节数组写入的 double 值，读出后需要转换回来，如下所示：

```
fis.read(b3);      // 读第 3 个字符串到 b3 数组中
double d =Double.parseDouble(new String(b3));       // 转为 double 值
System.out.println(d);
fis.read();        // 读 3 个换行符
```

以字节数组写入的 int 型值，读出后也需要转换回来，如下所示：

```
fis.read(b4);      // 读第 4 个字符串到 b4 数组中
int n =Integer.parseInt(new String(b4));
System.out.println(n);
```

⑤ 注意输入输出中的异常处理。

【程序代码】

```
import java.io.FileInputStream;
import java.io.FileOutputStream;
import java.io.IOException;
public class TestFileInputOutput_lab10lxt02 {
    public static void main(String[] args) {
        FileInputStream fis;
        FileOutputStream fos;
        try {
            fos = new FileOutputStream(".\\files\\lab10\\lxt2.dat");
            // 输出字符串
            byte[] b1 = "学院路 30 号".getBytes();
            fos.write(b1);
            // 输出换行符
            fos.write('\n');
            // 输出字符串
            byte[] b2 = "机电楼".getBytes();
            fos.write(b2);
            // 输出换行符
            fos.write('\n');
            // 输出 123.456
            String str = String.valueOf(123.456);
            byte[] b3 = str.getBytes();
            fos.write(b3);
            // 输出换行符
            fos.write('\n');
            // 输出 555,不能直接 fos.write(555);
            str = String.valueOf(555);
            byte[] b4 = str.getBytes();
            fos.write(b4);
            fos.flush();
            fos.close();
            // 读文件中的数据
            fis = new FileInputStream(".\\files\\lab10\\lxt2.dat");
            fis.read(b1);      // 读第 1 个字符串到 b1 数组中
            fis.read();        // 读第 1 个换行符
            System.out.println(new String(b1));
            fis.read(b2);      // 读第 2 个字符串到 b2 数组中
            fis.read();        // 读第 2 个换行符
            System.out.println(new String(b2));
            fis.read(b3);      // 读第 3 个字符串到 b3 数组中
            double d = Double.parseDouble(new String(b3)); // 转为 double 值
```

```
        System.out.println(d);
        fis.read();      // 读 3 个换行符
        fis.read(b4);    // 读第 4 个字符串到 b4 数组中
        int n =Integer.parseInt(new String(b4));
        System.out.println(n);
        fis.close();
    }
    catch (IOException e) {
        e.printStackTrace();
    }
    }
}
```

【运行结果】

```
学院路 30 号
机电楼
123.456
555
```

自测题 10-4：复制文件

【内容】

将文件 zct4in.dat 中的所有内容复制到 zct4out.txt 中，并输出到屏幕。要求使用
FileInputStream 和 FileOutputStream 实现。

10.3 字节流：数据输入输出

练习题 10-3：读写不同类型的数据

【内容】

编写程序，使用 DataOutputStream 类将以下各数据写入到工程目录中的 lxt3.dat
中，数据如下：

```
学院路 30 号
机电楼
123.456
```

再使用 DataInputStream 类从该文件中读出数据，显示在屏幕上。

【思路】

① DataOutputStream 允许应用程序将基本类型的数据写入输出流中。此处需依据
lxt3.dat 的文件字符输出流来创建 DataOutputStream 对象。

```
DataOutputStream dos =
        new DataOutputStream(new FileOutputStream("lxt3.dat"));
```

② 需要写入到文件的数据有两个字符串和一个 double 值,以及换行符。

对字符串,可以转换为字节数组 b,通过 dos.write(b)输出,每个字符的 Unicode 编码对应两个字节,如下:

```
byte[] b ="学院路 30 号".getBytes();
dos.write(b);
```

也可以通过 dos.writeUTF()输出,此时输出的是每个字符的 UTF-8 编码,如下所示:

```
dos.writeUTF("机电楼");
```

单个的回车符通过 dos.writeChar()输出,如下所示:

```
dos.writeChar('\n');
```

double 值则通过 dos.writeDouble()输出,如下所示:

```
dos.writeDouble(123.456);
```

③ 以上通过 DataOutputStream 写入数据后,可以由 DataInputStream 读取出来。DataInputStream 允许应用程序以与机器无关方式从底层输入流中读取基本 Java 数据类型。此处应创建 DataInputStream 对象。

```
DataInputStream dis =new DataInputStream(new FileInputStream("lxt3.dat"));
```

④ 按照输出的顺序依次读取每项数据。

以字节数组形式写入的字符串,需要通过 dis.read(b)形式读取,如下所示:

```
dis.read(b);
System.out.print(new String(b, 0, b.length));
```

以 UTF-8 形式写入的字符串,需要通过 dis.readUTF()形式读取,如下所示:

```
System.out.print(dis.readUTF());
```

单个字符需要通过 dis.readChar()形式读取,如下所示:

```
System.out.print(dis.readChar());
```

double 值需要通过 dis.readDouble()形式读取,如下所示:

```
System.out.print(dis.readDouble());
```

⑤ 注意输入输出中的异常处理。

【程序代码】

```java
import java.io.DataInputStream;
import java.io.DataOutputStream;
import java.io.FileInputStream;
import java.io.FileOutputStream;
import java.io.IOException;
public class TestDataInputOutput {
    public static void main(String[] args) {
        DataOutputStream dos;
        DataInputStream dis;
        try {
            // DataOutputStream 写入
            dos = new DataOutputStream(new FileOutputStream("lxt3.dat"));
            // 写入 Unicode 字符串
            byte[] b = "学院路 30 号".getBytes();
            dos.write(b);
            // 写入单个 Unicode 字符
            dos.writeChar('\n');
            // 按照 UTF-8 写入字符串
            dos.writeUTF("机电楼");
            // 写入单个 Unicode 字符
            dos.writeChar('\n');
            // 写入双精度数据
            dos.writeDouble(123.456);
            dos.flush();
            dos.close();
            // DataInputStream 读取
            dis = new DataInputStream(new FileInputStream("lxt3.dat"));
            System.out.println("---Read from file---");
            // 读取 Unicode 字符串到字符数组 b 中
            dis.read(b);
            System.out.print(new String(b, 0, b.length));
            // 读取 \n
            System.out.print(dis.readChar());
            // 读取 UTF 字符串
            System.out.print(dis.readUTF());
            // 读取 \n
            System.out.print(dis.readChar());
            // 读取双精度实型数
            System.out.print(dis.readDouble());
            dis.close();
        }
```

```
        catch (IOException e) {
            e.printStackTrace();
        }
    }
}
```

【运行结果】

```
---Read from file---
学院路 30 号
机电楼
123.456
```

【思考】

用文本编辑器打开 lxt3.dat,会看到如图 10-3 所示的乱码,为什么?

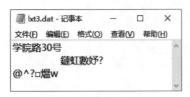

图 10-3　文件内容

自测题 10-5:数据备份

【内容】

图 10-4 是 3 种图书的价格和销售量,请将这些数据保存到文件 zct5.dat 中。之后,从文件中读取数据并输出在屏幕上,同时输出每种图书的总销售额。要求使用 DataInputStream 和 DataOutputStream 实现。

```
Book:Java        price:25.50      sales:15
Book:C Lab       price:19.80      sales:25
Book:Python      price:32.00      sales:20
```

图 10-4　图书信息

10.4　字节流:对象输入输出

练习题 10-4:读写对象

【内容】

Book 类有 name、price、sales 三个属性,分别表示图书的书名、价格和销量。现有 3 个 Book 对象,其属性值如图 10-4 所示。

使用 ObjectOutputStream 类将 3 个对象写入到工程目录中的 lxt4.dat 中,然后使用

ObjectInputStream 类从该文件中读出对象,计算并输出最高的销售额。

【思路】

① 定义 Book 类,需要实现 Serializable 接口。

```
class Book implements Serializable {
    private static final long serialVersionUID =520308270137584077L;
    private String name;
    private double price;
    private int sales =0;
    public Book(String name, double price, int sales) {
        super();
        this.name =name;
        this.price =price;
        this.sales =sales;
    }
    public double getTotal() {   // 计算销售额
        return price * sales;
    }
}
```

② 创建长度为 3 的 Book 数组 books。

```
Book[] books =new Book[3];
books[0] =new Book("Java", 25.5, 15);
books[1] =new Book("C Lab", 19.8, 25);
books[0] =new Book("Python", 32, 20);
```

③ ObjectOutputStream 类的 writeObject()方法可以将对象写入输出流中。此处既可以逐个将每个数组元素输出,也可以将 books 数组输出。

```
oos.writeObject(books);
```

④ 通过 ObjectOutputStream 类写入对象后,可以由 ObjectInputStream 类的 readObject()方法读取出来。读取时要进行类型转换,且与写入顺序保持一致。

```
ois =new ObjectInputStream(new FileInputStream("1xt4.dat"));
books2 =(Book[]) ois.readObject();
```

⑤ 每种图书的销售额可以通过调用 getTotal()方法计算,用擂台法可求最高销售额。

⑥ 注意输入输出中的异常处理。

【程序代码】

```
import java.io.Serializable;
```

```
import java.io.FileInputStream;
import java.io.FileOutputStream;
import java.io.IOException;
import java.io.ObjectInputStream;
import java.io.ObjectOutputStream;
class Book implements Serializable {        // 实现 Serializable 接口
    private static final long serialVersionUID =520308270137584077L;
    private String name;
    private double price;
    private int sales =0;
    public Book(String name, double price, int sales) {
        super();
        this.name =name;
        this.price =price;
        this.sales =sales;
    }
    public double getTotal() {              // 计算销售额
        return price * sales;
    }
}
public class TestObjectInputOutput {
    public static void main(String[] args) {
        ObjectInputStream ois;
        ObjectOutputStream oos;
        // 创建数组
        Book[] books =new Book[3];
        books[0] =new Book("Java", 25.5, 15);
        books[1] =new Book("C Lab", 19.8, 25);
        books[2] =new Book("Python", 32, 20);
        Book[] books2;
        try {
            oos =new ObjectOutputStream(new FileOutputStream("lxt4.dat"));
            // 写入数组对象
            oos.writeObject(books);
            oos.flush();
            oos.close();
            ois =new ObjectInputStream(new FileInputStream("lxt4.dat"));
            // 读出对象,类型转换为 Book 数组
            books2 =(Book[]) ois.readObject();
            // 计算最高销售额
            double max =books2[0].getTotal();
            for (int i =1; i <books2.length; i++)
                if (books2[i].getTotal() >max)
```

```
                    max =books2[i].getTotal();
            System.out.println("max=" +max);
            ois.close();
        }
        catch (IOException|ClassNotFoundException e) {
            e.printStackTrace();
        }
    }
}
```

【运行结果】

```
max=640.0
```

【思考】

用文本编辑器打开 lxt4.dat，观察文件中的内容，思考产生乱码的原因。

自测题 10-6：血糖预测结果分析

【内容】

在预测糖尿病患者血糖值时，假定糖尿病人的空腹血糖与血清总胆固醇、甘油三酯、空腹胰岛素、糖化血红蛋白之间存在以下线性关系：

空腹血糖＝0.14×血清总胆固醇＋0.35×甘油三酯－0.27×空腹胰岛素＋0.64×
        糖化血红蛋白＋5.94

根据此公式，给定患者的相关指标值，可以预测该患者的空腹血糖值。

表 10-1 中有 10 位患者的化验单，记录着每位患者实际的相关指标值和实际的空腹血糖值。

表 10-1　糖尿病患者血糖及相关指标数据

编号	血清总胆固醇	甘油三酯	空腹胰岛素	糖化血红蛋白	空腹血糖
1	5.68	1.9	4.53	8.2	11.2
2	3.79	1.64	7.32	6.9	8.8
3	6.02	3.56	6.95	10.8	12.3
4	4.85	1.07	5.88	8.3	11.6
5	4.6	2.32	4.05	7.5	13.4
6	6.05	0.64	1.42	13.6	18.3
7	4.9	8.5	12.6	8.5	11.1
8	7.08	3	6.75	11.5	12.1
9	3.85	2.11	16.28	7.9	9.6
10	4.65	0.63	6.59	7.1	8.4

请使用 ObjectOutputStream 保存所有的化验单到文件 zct6.dat 中；然后通过 ObjectInputStream 读出数据，计算并输出所有患者的平均预测误差。每名患者的预测误差定义如下：

$$预测误差 = \left| \frac{预测值 - 实际值}{实际值} \right|$$

提示：可定义一个化验单类来表示每张化验单。

10.5 字符流：逐字符读写

练习题 10-5：指定编码读写字符

【内容】

从键盘输入一行数据，按照 UTF-8 编码写入 lxt5.txt 中，然后从文件中读取并输出所有内容及字符总数量。

【思路】

① 使用 Scanner 类读取键盘输入的数据。

```
Scanner sc = new Scanner(System.in);
String str = sc.nextLine();
sc.close();
```

② OutputStreamWriter 类可使用指定的编码或平台默认的编码（GBK）将输出的字节转换为特定编码的字符。按照 UTF-8 编码格式写文件需要使用 OutputStreamWriter 类。

```
// 创建字符输出流，写入的编码格式设为 UTF-8
OutputStreamWriter osw;
osw = new OutputStreamWriter(new FileOutputStream("lxt5.txt"),"UTF-8");
```

③ 调用 osw 的 write()方法写数据。

```
osw.write(str);
osw.flush();
osw.close();
```

④ 按照指定编码从文件中读取字符需要使用 InputStreamReader 类。

```
// 创建字符输入流，指定编码格式为 UTF-8
InputStreamReader isr = null;
isr = new InputStreamReader(new FileInputStream("lxt5.txt"), "UTF-8");
```

⑤ InputStreamReader 类的 read()方法可以读取输入流中的单个字符，得到字符的 Unicode 编码，读取到文件结束时返回 −1。可以使用循环来依次读取所有字符并输出。

```
while ((ch =isr.read()) !=-1) {
    System.out.print((char)ch);
}
```

⑥ 定义计数器,每读出一个字符,计数器加 1。循环结束后输出计数器的值。

【程序代码】

```
import java.io.FileInputStream;
import java.io.FileOutputStream;
import java.io.InputStreamReader;
import java.io.OutputStreamWriter;
import java.util.Scanner;
public class TestBasicReaderWriter {
    public static void main(String[] args) {
        InputStreamReader isr =null;
        OutputStreamWriter osw =null;
        try {
            // 创建字符输出流,写入的编码格式设为 UTF-8
            osw=new OutputStreamWriter(new FileOutputStream("lxt5.txt"),
                                        "UTF-8");
            System.out.print("输入要写入文件的数据:");
            Scanner sc =new Scanner(System.in);
            String str =sc.nextLine();
            sc.close();
            // 写入内容
            osw.write(str);
            osw.flush();
            osw.close();
            System.out.println("...写入完毕,开始读取文件...");

            // 创建字符输入流,指定编码格式为 UTF-8
            isr =new InputStreamReader(new FileInputStream("lxt5.txt"),
                                        "UTF-8");
            int ch;
            int n =0; // 计数器
            // 依次读取每个字符
            while ((ch =isr.read()) !=-1) {
                System.out.print((char)ch);
                n++;
            }
            isr.close();
            System.out.println("\ntotal " +n +" characters!");
```

```
        }
        catch (Exception e) {
            e.printStackTrace();
        }
    }
}
```

【运行结果】

输入要写入文件的数据：This program is about 基本字符输入输出流的使用↙
...写入完毕，开始读取文件...
This program is about 基本字符输入输出流的使用
total 34 characters!

【思考】

用文本编辑器打开 lxt5.txt，观察文件中的内容和编码格式，如图 10-5 所示。

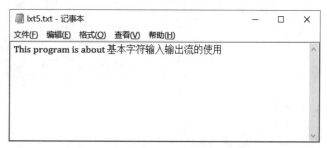

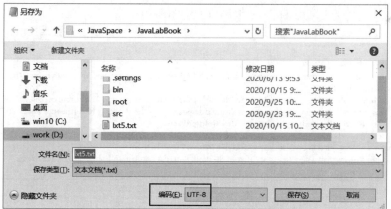

图 10-5　文件的内容和编码格式

自测题 10-7：统计字符

【内容】

文本文件 zct7.txt 采用系统默认编码，内容如图 10-6 所示。

图 10-6   文本文件内容

编写程序,统计 zct7.txt 中元音字母 a、e、i、o、u 和其他字符的个数,换行符和回车符不计数。

输出格式如下:

```
a:24
e:36
i:24
o:23
u:5
others:261
```

自测题 10-8:统计单词

【内容】

文本文件 zct8.txt 采用 UTF-8 编码,内容如图 10-7 所示。

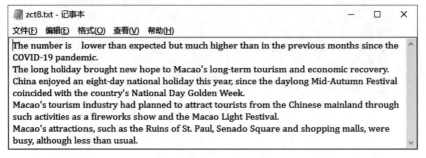

图 10-7   文本文件内容

观察文件内容,总结单词之间的分隔符。编写程序,统计 zct8.txt 中单词的个数并输出。注意:单词之间的分隔符可能有多个,并且单词不跨行。

输出结果如下。

```
words:96
```

10.6　字符流：缓冲输入输出

练习题 10-6：九九乘法表

【内容】

请将如图 10-8 所示的九九乘法表以默认编码保存到文件 lxt6.txt 中。

```
1*1=1
2*1=2    2*2=4
3*1=3    3*2=6    3*3=9
4*1=4    4*2=8    4*3=12   4*4=16
5*1=5    5*2=10   5*3=15   5*4=20   5*5=25
6*1=6    6*2=12   6*3=18   6*4=24   6*5=30   6*6=36
7*1=7    7*2=14   7*3=21   7*4=28   7*5=35   7*6=42   7*7=49
8*1=8    8*2=16   8*3=24   8*4=32   8*5=40   8*6=48   8*7=56   8*8=64
9*1=9    9*2=18   9*3=27   9*4=36   9*5=45   9*6=54   9*7=63   9*8=72   9*9=81
```

图 10-8　九九乘法表

然后按行读出文件内容并输出在屏幕上。要求使用缓冲输入输出流。

【思路】

① 使用双层循环来生成九九乘法表。

```
for (int i =1; i <=9; i++)
    for (int j =1; j <=i; j++)
        // 处理 i * j
```

② BufferedWriter 类可以实现缓冲输出，每次输出多个字符或整行字符。乘法表共 9 行，每行输出一次。BufferedWriter 类中的字符流需要调用其 flush() 方法强制输出。

```
// 创建缓冲输出流
BufferedWriter bw =new BufferedWriter(new FileWriter("lxt6.txt"));
for (int i =1; i <=9; i++) {      // 每行
    StringBuffer str =new StringBuffer();      // 用 StringBuffer 类拼接每行内容
    for (int j =1; j <=i; j++)
        str.append(i +" * " +j +"=" +(i * j) +"\t");
    bw.write(new String(str));                 // 转为 String,执行输出操作
    bw.newLine();                              // 本行信息输出,加回车
    bw.flush();
}
```

③ BufferedReader 类为缓冲输入流,可以实现多个字符或整行字符读入。

```
// 创建缓冲输入流
BufferedReader br =new BufferedReader(new FileReader("lxt6.txt"));
String line;
```

```
while ((line =br.readLine()) !=null)        // 逐行读入
    System.out.println(line);               // 输出该行数据
```

【程序代码】

```java
import java.io.BufferedReader;
import java.io.BufferedWriter;
import java.io.FileReader;
import java.io.FileWriter;
import java.io.IOException;
public class MultiplicationTable {
    public static void main(String[] args) {
        BufferedWriter bw =null;
        BufferedReader br =null;
        try {
            // 创建缓冲输出流
            bw =new BufferedWriter(new FileWriter("lxt6.txt"));
            for (int i =1; i <=9; i++) {
                // 用 StringBuffer 拼接每行内容
                StringBuffer str =new StringBuffer();
                for (int j =1; j <=i; j++)
                    str.append(i +" * " +j +"=" +(i * j) +"\t");
                bw.write(new String(str));          // 转为 String,执行输出操作
                bw.newLine();                       // 本行信息输出,加回车
                bw.flush();
            }
            bw.close();
            // 创建缓冲输入流
            br =new BufferedReader(new FileReader("lxt6.txt"));
            String line;
            while ((line =br.readLine()) !=null)    // 逐行读入
                System.out.println(line);           // 输出该行数据
            br.close();
        }
        catch (IOException e) {
            e.printStackTrace();
        }
    }
}
```

【运行结果】

如题干所示。

自测题 10-9：转换代码块风格

【内容】

代码块是使用一对花括号扩起的多条语句。Java 代码块有两种流行的写法：Allmans 风格和 Kernighan 风格。

```
class zct9in
{
    public static void main(String[] args)
    {
        System.out.println("hello");
    }
}
```

(a) Allmans风格

```
class zct9in {
    public static void main(String[] args) {
        System.out.println("hello");
    }
}
```

(b) Kernighan风格

图 10-9　Java 代码风格

Allmans 风格也称"独行"风格，即左、右花括号各自独占一行，如图 10-9（a）所示。当代码量较少时适合使用"独行"风格，代码布局清晰、可读性强。

Kernighan 风格也称"行尾"风格，即左花括号在上一行的行尾，而右花括号独占一行，如图 10-9（b）所示。当代码量较多时可以使用"行尾"风格。

编写程序，将采样独行风格的源文件 zct9in.java 转换为行尾风格，保存在 zct9out.java 文件中。

自测题 10-10：替换文件内容

【内容】

文本文件 zct10.txt 采用 UTF-8 编码，内容如图 10-10 所示。编写程序，将文件中的"COVID—19"改为"COVID-19"，将英文月份统一修改为"月份简写 基数日期"的形式（如"March 25"应修改为"Mar 25"），并将所有的内容合并为一段，以 Unicode 编码格式保存在 zct10out.txt 中。

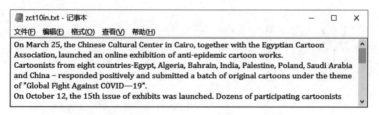

图 10-10　文本文件内容

10.7　字符流/字节流：打印输出

练习题 10-7：打印输出

【内容】

使用打印输出流，按照 UTF-8 编码将整数、实数、单个字符、字符串及对象写入到

lxt7.txt 文件中。

【思路】

① OutputStream/Writer 输出数据时需要先把数据处理为字节数组或字符串,可以使用 PrintStream/PrintWriter 进行打印输出。

② PrintStream 封装 OutputStream 对象,对字节流提供增强功能,可以自动将各种类型数据转换为字节并输出。创建 PrintStream 对象时可以指定是否需要自动刷新(默认不自动刷新)、编码类型(默认为 GBK)。若设置了自动刷新,每当写入字节数组、调用 println()方法或写入换行符('\n')时会自动刷新输出缓冲区,不需要手动刷新。

```java
// 创建打印字节流
PrintStream ps =null;
try {
    // 封装字节流,自动刷新、编码为 UTF-8
    ps =new PrintStream(new FileOutputStream("lxt7.txt"), true, "UTF-8");
}
catch (UnsupportedEncodingException | FileNotFoundException e) {
    e.printStackTrace();
    System.exit(1);
}
```

③ 调用 ps 的 print()、println()和 append()方法输出各类数据。

```java
ps.println("使用 PrintStream 类输出以下内容");
ps.println(123456);         // 输出 int 值
ps.println(Math.PI);        // 输出 double 值
ps.println(true);           // 输出 boolean 值
ps.print("你好,Java!"); // 输出 string 值
ps.println();               // 输出空行
ps.printf("%d\t%f\t%c\t%s", 95, 98.7, 'A', "great!");   // 支持格式输出
ps.println();
Book obj =new Book("Java", 25.5, 15);
ps.println(obj);            // 输出对象,实际输出的是 obj.toString()
ps.println();
ps.close();                 // 指定了自动刷新,无须手动刷新,直接关闭流
```

④ 也可使用 PrintWriter 进行打印输出。PrintWriter 既可以封装 Writer 对象,也可以封装 OutputStream 对象,可以自动将各种类型数据转换为字符并输出,同样可以指定编码方式和自动刷新。若设置了自动刷新,仅当调用 println()、printf()或 format()方法时会自动刷新输出缓冲区。

```java
PrintWriter pw1, pw2;
try {
    // 封装字节流,追加写,不自动刷新
```

```
        pw1 =new PrintWriter(new FileOutputStream("lxt7.txt", true), false);
}
catch (FileNotFoundException e) {
    e.printStackTrace();
    System.exit(2);
}
pw1.println("使用 PrintWriter 类封装字节流输出以下内容");
pw1.printf("%d\t%f\t%c\t%s", 75, 70.6, 'B', "good!"); // 格式输出
pw1.println();
pw1.flush();    // 未指定自动刷新,需要手动刷新;或等待缓冲区满了自动刷新
pw1.close();
try {
    // 封装字符流,追加写,自动刷新
    pw2 =new PrintWriter(new FileWriter("lxt7.txt", true), true);
}
catch (IOExceptione) {
    e.printStackTrace();
    System.exit(3);
}
pw2.println("使用 PrintWriter 类封装字符流输出以下内容");
pw2.println(true);
pw2.println(obj);       // 支持格式输出
pw2.close();            // 指定了自动刷新,直接关闭流
```

⑤ 使用 print()、println()等方法打印输出时不会抛出 IOException 异常,无须捕获 IOException 异常。

【程序代码】

```
import java.io.*;
public class TestPrintStreamAndPrintWriter {
    public static void main(String[] args) {
        PrintStream ps =null;
        PrintWriter pw1 =null, pw2 =null;
        try {
            // 封装字节流,指定编码、自动刷新
            ps =new PrintStream(new FileOutputStream("lxt7.txt"),
                            true, "UTF-8");
        }
        catch (UnsupportedEncodingException | FileNotFoundException e) {
            e.printStackTrace();
            System.exit(1);
        }
        ps.println("使用 PrintStream 类输出以下内容");
```

```java
        ps.println(123456);
        ps.println(Math.PI);
        ps.println(true);
        ps.print("你好,Java!");
        ps.println();
        ps.printf("%d\t%f\t%c\t%s", 95, 98.7, 'A', "great!"); // 格式输出
        ps.println();
        Book obj = new Book("Java", 25.5, 15);
        ps.println(obj); // 实际输出的是 obj.toString()
        ps.println();
        ps.close();          // 指定了自动刷新,无须手动刷新,直接关闭流
        try {
            // 封装字节流,追加写,不自动刷新
            pw1 = new PrintWriter(new FileOutputStream("lxt7.txt", true),
                    false);
        }
        catch (FileNotFoundException e) {
            e.printStackTrace();
            System.exit(2);
        }
        pw1.println("使用 PrintWriter 类封装字节流输出以下内容");
        pw1.printf("%d\t%f\t%c\t%s", 75, 70.6, 'B', "good!"); // 格式输出
        pw1.println();
        pw1.println();
        pw1.flush(); // 未指定自动刷新,需要手动刷新
        pw1.close();
        try {
            // 封装字符流,追加写,自动刷新
            pw2 = new PrintWriter(new FileWriter("lxt7.txt", true), true);
        }
        catch (IOException e) {
            e.printStackTrace();
            System.exit(3);
        }
        pw2.println("使用 PrintWriter 类封装字符流输出以下内容");
        pw2.println(true);
        pw2.println(obj);   // 格式输出
        pw2.close();          // 指定了自动刷新,直接关闭流
    }
}
```

【运行结果】

文件 lxt7.txt 中的内容如图 10-11 所示。

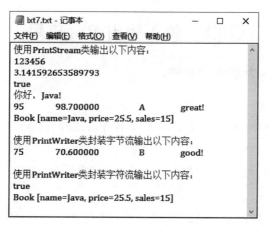

图 10-11　输出文件的内容

自测题 10-11：计算正弦

【内容】

使用泰勒展开式计算 sin(x) 的近似值，公式如下。

$$\sin x = \frac{x}{1!} - \frac{x^3}{3!} + \frac{x^5}{5!} - \frac{x^7}{7!} + \cdots + (-1)^{n-1} \frac{x^{2n-1}}{(2n-1)!}$$

要求精度达到 0.00001，即第 n 项的绝对值小于 0.00001 时结束求和。

编写程序，输入 x 的值（x 为弧度值），使用打印输出流将求解过程中的中间结果和各项值保存在文件 zct11.txt 中，采用系统默认编码方式。

执行结果如图 10-12 所示。

图 10-12　文件输出内容

10.8 输入输出综合应用

自测题 10-12：文件内容格式检查

【内容】

文本文件 zct12in.txt 中存放着某段 Java 程序的注释，内容如图 10-13(a)所示。

```
    /**
     * Writes an image using the an arbitrary <code>ImageWriter</code>
     * that supports the given format to an
     * <code>ImageOutputStream</code>. The image is written to the
     * <code>ImageOutputStream</code> starting at the current stream
     * pointer, overwriting existing stream data from that point
     * forward, if present.
     *
     * <p> This method <em>does not</em> close the provided
     * <code>ImageOutputStream</code> after the write operation has completed;
     * it is the responsibility of the caller to close the stream, if desired.
     *
     * @param im a <code>RenderedImage</code> to be written.
     * @param formatName a <code>String</code> containing the informal
     * name of the format.
     * @param output an <code>ImageOutputStream</code> to be written to.
     *
     * @return <code>false</code> if no appropriate writer is found.
     *
     * @exception IllegalArgumentException if any parameter is
     * <code>null</code>.
     * @exception IOException if an error occurs during writing.
     */
```

(a) 原始文件

```
Writes an image using the an arbitrary ImageWriter that supports the given format
to an ImageOutputStream. The image is written to the ImageOutputStream starting at
the current stream pointer, overwriting existing stream data from that point forward,
if present.
This method does not close the provided ImageOutputStream after the write operation
has completed; it is the responsibility of the caller to close the stream, if desired.
Parameter: im a RenderedImage to be written.
Parameter: formatName a String containing the informal name of the format.
Parameter: output an ImageOutputStream to be written to.
Return: false if no appropriate writer is found.
Exception: IllegalArgumentException if any parameter is null.
Exception: IOException if an error occurs during writing.
```

(b) 更改后的文件

图 10-13 原始文件内容与修改后的文件内容

编写程序,修改该文件,解决以下问题:

(1) 将每段的多行文本整合为完整的段落;

(2) 删除块注释符;

(3) 删除所有的 HTML 标签;

(4) @param、@return、@exception 修改为完整形式 Parameter、Return、Exception;

(5) 每句话开始处与上句之间添加一个空格符;

(6) 删除多余的空格符。

修改之后的内容保存到 zct12out.txt 文件中,如图 10-13(b)所示。

自测题 10-13：图像边缘检测

【内容】

一幅数字图像由若干行、若干列的像素点构成,每个像素点的值为该点的颜色值,在计算机中可以使用矩阵进行存储表示。例如,图 10-14(a)是一幅 12×11 的灰度图像,它对应的矩阵如图 10-14(b)所示。

```
253,251,248,212,252,248,254,252,201,249,252,249
250,201, 99,164,110,227,225,113,159,105,206,252
243,116,211,174,210,112,111,213,180,203,112,245
214,111,146,145,146,162,161,150,153,142,120,218
244, 80,134,121,114,127,122,123,121,121, 85,241
248,152, 49, 82, 83, 83, 81, 82, 89, 48,159,249
252,243, 78, 56, 79, 74, 76, 79, 59, 79,245,251
247,249,224, 67, 69, 83, 84, 72, 64,230,248,250
252,251,245,220, 58, 70, 72, 52,224,245,251,248
251,247,251,246,218, 49, 52,220,240,248,246,250
254,252,251,251,246,218,210,243,251,249,244,251
```

(a)　　　　　　　　　　　　　　　(b)

图 10-14　图像与像素

图像的边缘指灰度值变化剧烈的区域,通常是一幅图像中不同区域之间的分界线。边缘检测技术旨在自动检测数字图像的边缘区域,以进行图像特征提取,是图像处理和机器视觉中的一个基本工具。Sobel 算子是经典的边缘检测算法之一,它利用梯度信息对图像进行边缘检测。

设图像的像素邻域如图 10-15(a)所示,Sobel 算子使用如图 10-15(b)和图 10-15(c)分别计算像素点(x,y)的水平近似梯度 G_x 和垂直近似梯度 G_y。

Z_1	Z_2	Z_3
Z_4	Z_5	Z_6
Z_7	Z_8	Z_9

(a) 像素点领域

−1	−2	−1
0	0	0
1	2	1

(b) G_x

−1	0	1
−2	0	2
−1	0	1

(c) G_y

图 10-15　Sobel 算子

即 Z_5 处的 G_x 和 G_y 定义如下：

$$G_x = (Z_7 + 2Z_8 + Z_9) - (Z_1 + 2Z_2 + Z_3)$$
$$G_y = (Z_3 + 2Z_6 + Z_9) - (Z_1 + 2Z_4 + Z_7)$$

Z_5 处的梯度大小为：

$$G = \sqrt{G_x^2 + G_y^2}$$

图像每个像素点的梯度值构成了该像素的梯度图像，它与原图像大小相等，反映了原图像的灰度变化情况。示例如图 10-16 所示。

(a) 原始图像

(b) 梯度图像

图 10-16　原始图像与梯度图像

编写程序，对 zct13in.jpg 基于 Soble 算子进行边缘检测，生成对应的梯度图像 zct13out.jpg。

提示：可使用 ImageIO 类来读写图像文件，使用 java.awt.image.BufferedImage 类获取或设置图像的像素。

自测题 10-14：处理 Excel 数据

【内容】

在预测糖尿病患者血糖值时，假定糖尿病人的空腹血糖与血清总胆固醇、甘油三酯、空腹胰岛素、糖化血红蛋白之间存在以下线性关系：

空腹血糖＝0.14×血清总胆固醇＋0.35×甘油三酯－0.27×空腹胰岛素＋0.64×
　　　　　糖化血红蛋白＋5.94

根据此公式，给定患者的相关指标值，可以预测该患者的空腹血糖值，并计算预测误差。预测误差定义如下：

$$预测误差 = \left| \frac{预测值 - 实际值}{实际值} \right|$$

在 zct14.xlsx 中有 27 位患者的化验单，记录着每位患者实际的相关指标值和实际的空腹血糖值，如图 10-17 所示。

编写程序读取 Excel 文件中的数据，计算并填入每位患者的预测血糖值和相对误差，并在屏幕上输出所有患者的平均预测误差。

提示：可以使用第三方工具（如 Apache POI）来读写 Excel 文件。

编号	血清总胆固醇	甘油三酯	空腹胰岛素	糖化血红蛋白	空腹血糖	预测血糖值	相对误差
1	5.68	1.9	4.53	8.2	11.2		
2	3.79	1.64	7.32	6.9	8.8		
3	6.02	3.56	6.95	10.8	12.3		
4	4.85	1.07	5.88	8.3	11.6		
5	4.6	2.32	4.05	7.5	13.4		
6	6.05	0.64	1.42	13.6	18.3		
7	4.9	8.5	12.6	8.5	11.1		
8	7.08	3	6.75	11.5	12.1		
9	3.85	2.11	16.28	7.9	9.6		
10	4.65	0.63	6.59	7.1	8.4		
11	4.59	1.97	3.61	8.7	9.3		
12	4.29	1.97	6.61	7.8	10.6		
13	7.97	1.93	7.57	9.9	8.4		
14	6.19	1.18	1.42	6.9	9.6		
15	6.13	2.06	10.35	10.5	10.9		
16	5.71	1.78	8.53	8	10.1		
17	6.4	2.4	4.53	10.3	14.8		
18	6.06	3.67	12.79	7.1	9.1		
19	5.09	1.03	2.53	8.9	10.8		
20	6.13	1.71	5.28	9.9	10.2		
21	5.78	3.36	2.96	8	13.6		
22	5.43	1.13	4.31	11.3	14.9		
23	6.5	6.21	3.47	12.3	16		
24	7.98	7.92	3.37	9.8	13.2		
25	11.54	10.89	1.2	10.5	20		
26	5.84	0.92	8.61	6.4	13.3		
27	3.84	1.2	6.45	9.6	10.4		

图 10-17　Excel 文件内容

集合类的使用

实验目的

（1）了解 Java 集合框架的类/接口结构，理解各类/接口的基本特点；

（2）掌握 LinkedList、ArrayList、Vector 等常用列表类的使用方法；

（3）掌握 HashSet、TreeSet 等典型集合类的使用方法；

（4）掌握 HashMap、TreeMap 等典型映射类的使用方法；

（5）掌握应用 Iterator 类遍历各类集合对象的方法；

（6）掌握 Collections 工具类的使用方法；

（7）在实际问题中能够根据应用场景选用合适的集合类进行数据存储、处理和访问，培养实际问题求解能力。

11.1 列　　表

练习题 11-1：ArrayList 的使用

【内容】

从键盘输入多个名字，以 end 结束，存放到 ArrayList 对象中。正序输出所有的名字，然后逆序将所有的名字输出到文件 names.txt 中。

【思路】

① 输入名字的数目不确定，有顺序要求，应定义列表类。此处定义 ArrayList 对象存放字符串对象。

```
ArrayList<String>names =new ArrayList<String>();
```

② 使用 Scanner 对象读入键盘输入的字符串，以 end 结束。每次读入的字符串需要调用列表的 add()方法添加到列表中。

```
Scanner scn =new Scanner(System.in);
System.out.print("Inputs names:");
String str =scn.next();
while (str.equals("end") ==false) {
    names.add(str);    // 添加到列表中
    str =scn.next();
}
scn.close();
```

③ 调用列表对象的 iterator()方法获取列表的迭代器,通过迭代器可以遍历列表中的所有数据。

```
Iterator<String>it =names.iterator();      // 获取 names 的迭代器
while (it.hasNext()){                       // 是否还有数据
    str =it.next();                         // 访问当前数据
    System.out.print(str +"  ");
}
```

④ 使用 BufferedWriter 类封装 FileWriter 对象将程序中的数据输出到文件中。

```
BufferedWriter br =
        new BufferedWriter(new FileWriter(".\\files\\names.txt"));
```

⑤ 除了使用迭代器遍历列表外,列表还支持按位置来访问数据,位置的范围是 0～names.size()－1。本题中要求逆序输出到文件,使用 for 语句实现。

```
for (int i =names.size() -1; i >=0; i--) {  // 位置从后向前
    str =names.get(i);                      // 获取第 i 个数据
    br.write(str);                          // 输出该数据
    br.newLine();                           // 换行
}
```

⑥ 注意输出时的异常处理。

【程序代码】

```
import java.util.*;
import java.io.*;
public class TestArrayList {
    public static void main(String[] args) {
        ArrayList<String>names =new ArrayList<String>();
        Scanner scn =new Scanner(System.in);
        System.out.print("Inputs names:");
        String str =scn.next();
        while (str.equals("end") ==false) {
            names.add(str);                 // 添加到列表中
            str =scn.next();
        }
        scn.close();
        // 使用迭代器来遍历列表
        Iterator<String>it =names.iterator();// 获取 names 的迭代器
        while (it.hasNext()) {              // 是否还有数据
            str =it.next();                 // 访问当前数据
            System.out.print(str +"  ");
        }
```

```
                // 基于位置来遍历列表
                try {
                    BufferedWriter br;
                    br = new BufferedWriter(new FileWriter
                                    (".\\files\\lab11\\lxt1.txt"));
                    for (int i = names.size() - 1; i >= 0; i--) {   // 位置从后向前
                        str = names.get(i);                          // 获取第 i 个数据
                        br.write(str);                               // 输出该数据
                        br.newLine();                                // 换行
                    }
                    br.close();
                }
                catch (IOException e) {
                    e.printStackTrace();
                }
            }
        }
```

【运行结果】

```
Inputs names:Aaron  Abril  Madison  Sabrina  Fanny  end↙
Aaron  Abril  Madison  Sabrina  Fanny
```

自测题 11-1：存储不定长数据

【内容】

文件 zct1.txt 采用默认的 GBK 编码，按行存放着多种图书的书名、价格和销量，如图 11-1 所示。

```
Book:Java       price:25.50     sales:15
Book:C Lab      price:19.80     sales:25
Book:Python     price:32.00     sales:20
```

图 11-1 文件内容

请从文件中读取每行数据，存放到列表中，输出总行数。

自测题 11-2：处理不定长数据

【内容】

文件 zct2.txt 采用默认的 GBK 编码，按行存放着多种图书的书名、价格和销量，各项之间使用一个制表符分割，如图 11-1 所示。

请从文件中读取每行数据，计算总销售额并输出。要求使用列表存储数据。

自测题 11-3：约瑟夫问题

【内容】

约瑟夫问题也称约瑟夫环,是一个著名的数学问题:n 个人(编号分别设为 1～n)坐成一个圈,从 1 开始报数,报 m 的人退出圈外,下一个人继续从 1 开始报数。依次循环下去,直到圈中只剩下一个人,此人就是最后的胜利者。请编写程序,根据输入的 n 和 m,计算胜利者的编号并输出。

提示:使用列表存放 n 个人,计数到 m 时删除相应人。

11.2　集合:HashSet

练习题 11-2：存储不重复的对象

【内容】

定义图书类表示每种图书,包含有图书编号、书名、价格和销量等属性。若两个图书对象的编号相同,认为是同一种图书。

从键盘输入多行图书信息,每行格式如下:

| 001 | Java | 25.50 | 15 | (各项之间以制表符分隔) |

当输入为空行时表示结束输入,显示所有的图书编号。

【思路】

① 定义 BookV2 类。

```
ArrayList<String>names =new ArrayList<String>();
class BookV2 {
    private String id, name;
    private double price;
    private int sales;
    // 构造方法
    public BookV2(String id, String name, double price, int sales) {
        super();
        this.id =id;
        this.name =name;
        this.price =price;
        this.sales =sales;
    }
    @Override
    public String toString() {
        return "BookV2[id=" +id +"]";        // 只需要显示图书编号
    }
}
```

② 两个图书对象的编号相同,认为是同一种图书。需要重写 BookV2 类的 equals()方法。

```java
@Override
public boolean equals(Object obj) {  // 当对象为同类型、id 相等时,为同一种书
    if (this ==obj)
        return true;                    // 同一个对象
    if (obj ==null)
        return false;                   // obj 为空
    if (this.getClass() !=obj.getClass())
        return false;                   // 不是同类对象
    BookV2 other =(BookV2) obj;         // 是同类对象,强转
    if (id ==null) {                    // 当前对象 id 为 null
        if (other.id !=null)            // obj 对象 id 不为 null
            return false;
    }
    else if ( ! id.equals(other.id) )
        return false;                   // 两对象 id 不相等
    return true;                        // 两对象 id 相等
}
```

③ 重写 BookV2 类的 equals()方法后,需要重写 hashCode()方法,以保证相等对象的哈希码也是相等的。

```java
@Override
public int hashCode() {         // 根据 id 生成每个对象的哈希码
    final int prime =31;
    int result =1;
    result =prime * result +((id ==null) ? 0 : id.hashCode());
    return result;
}
```

④ 使用 Scanner 类读入的每行信息应生成一个 BookV2 对象,此处定义 getBook()方法来返回对象。

```java
public static BookV2 getBook(String line) {
    // 001 Java 25.50 15
    String[] ss =line.split("\t");
    if (ss.length !=4)
        return null;    // 不足 4 项,数据不合法
    return new BookV2(ss[0],ss[1],Double.parseDouble(ss[2]),
                    Integer.parseInt(ss[3]));
}
```

⑤ Set 存放不重复的对象。要统计图书的种类,可以将每个生成的 BookV2 对象添

加到 HashSet 中。每次读入的字符串通过 getBook()方法生成对象,调用集合的 add()方法添加到列表中。如果添加失败(add()方法返回 false),则说明集合中已经有该项图书。

```
HashSet<BookV2>set =new HashSet<BookV2>();
Scanner scn =new Scanner(System.in);
String line =scn.nextLine();
while (line !=null && line.length() !=0) {
    BookV2 b =getBook(line);                // 生成图书对象
    if (set.add(b) ==false)                 // 添加进集合
        System.out.println(b +" exists");   // 集合有该书,提示
    line =scn.nextLine();
}
scn.close();
```

⑥ 最后,集合中每个元素即对应着不同的图书。对集合进行遍历输出即可。

```
Iterator<BookV2>it =set.iterator();
while (it.hasNext())
    System.out.println(it.next());
```

【程序代码】

```
import java.util.*;
class BookV2 {
    private String id, name;
    private double price;
    private int sales;
    public BookV2(String id, String name, double price, int sales) {
        super();
        this.id =id;
        this.name =name;
        this.price =price;
        this.sales =sales;
    }
    public double getTotal() {
        return this.price * this.sales;
    }
    @Override
    public String toString() {
        return "BookV2[id=" +id +"]";
    }
    @Override
    public boolean equals(Object obj) {// 当对象为同类型、id相等时,为同一种书
        if (this ==obj)
            return true;                        // 同一个对象
```

```java
        if (obj ==null)
            return false;                      // obj 为空
        if (this.getClass() !=obj.getClass())
            return false;                      // 不是同类对象
        BookV2 other =(BookV2) obj;            // 是同类对象,强转
        if (id ==null) {                       // 当前对象 id 为 null
            if (other.id !=null)               // obj 对象 id 不为 null
                return false;
        }
        else if (!id.equals(other.id))         // 两对象 id 不相等
            return false;
        return true;                           // 两对象 id 相等
    }
    @Override
    public int hashCode() {                    // 根据 id 生成每个对象的哈希码
        final int prime =31;
        int result =1;
        result =prime * result + ((id ==null) ? 0 : id.hashCode());
        return result;
    }
}
public class TestHashSet {
    public static BookV2 getBook(String line) {
        String[] ss =line.split("\t");
        if (ss.length !=4) return null;
        return new BookV2(ss[0],ss[1],Double.parseDouble(ss[2]),
                        Integer.parseInt(ss[3]));
    }
    public static void main(String[] args) {
        // 新建 HashSet
        HashSet<BookV2> set =new HashSet<BookV2>();
        Scanner scn =new Scanner(System.in);
        String line =scn.nextLine();
        while (line !=null && line.length() !=0) {
            BookV2 b =getBook(line);
            if (set.add(b) ==false)
                System.out.println(b +" exists");
            line =scn.nextLine();
        }
        scn.close();
        System.out.println("all books:");
        Iterator<BookV2> it =set.iterator();
        while (it.hasNext())
```

```
                System.out.println(it.next());
        }
    }
```

【运行结果】

```
001     Java      25.50     15
002     C Lab     19.80     25
003     Python    32.00     20
002     CLab      19.8      12
BookV2[id=002] exists

all books:
BookV2[id=001]
BookV2[id=002]
BookV2[id=003]
```

自测题 11-4：消除重复记录

【内容】

从文件 zct4.txt 中读取某商品的订单信息，内容如图 11-2 所示。

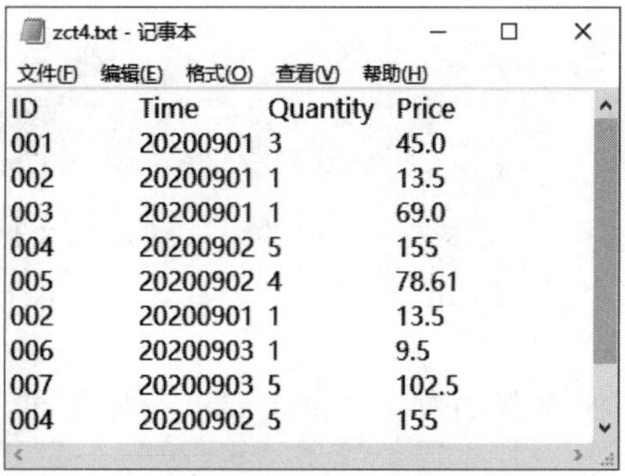

```
📄 zct4.txt - 记事本                    —    □    ×
文件(F)  编辑(E)  格式(O)  查看(V)  帮助(H)
ID     Time       Quantity  Price
001    20200901   3         45.0
002    20200901   1         13.5
003    20200901   1         69.0
004    20200902   5         155
005    20200902   4         78.61
002    20200901   1         13.5
006    20200903   1         9.5
007    20200903   5         102.5
004    20200902   5         155
```

图 11-2　文件内容

规定所有项相同的订单是重复记录。使用集合存放所有不重复的记录，输出订单记录的总条数。

自测题 11-5：图书销量统计

【内容】

定义图书类表示每种图书，包含有图书编号、书名、价格和销量等属性。若两个图书对象的编号相同，认为是同一种图书。

从文件 zct5.txt 中读取多行图书信息，文件内容如图 11-3 所示。

计算并输出图书的种类、每种图书的销售额和总销售额。

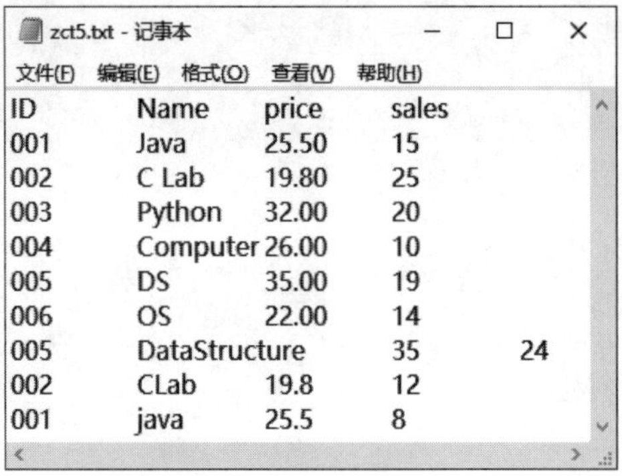

图 11-3　文件内容

11.3　集合：TreeSet

练习题 11-3：存储有序的对象

【内容】

从键盘输入多行学生的成绩信息，以空行结束输入。每行由学号、姓名和成绩构成，各项之间以制表符分隔，格式如下：

```
005    Zhang Shan    85
002    Li Ming       90
004    Zhao Wei      96
```

若两行记录的学号相同，认为是同一名学生。按照成绩由低到高输出所有学生的信息；然后再次按照学号由小到大输出所有学生的信息。

【思路】

① 使用集合来存放不重复的对象。由于要求按序输出，应使用 TreeSet 对象来实现。

② 定义 Student 类来表示每条记录，由于集合中存放不重复数据，需要重写 equals() 和 hashCode() 方法。要实现排序，需要实现 Comparable 接口。

```
class Student implements Comparable { //实现 Comparable 接口,确定对象排序规则
    private String id, name;
    private int score;
    public Student(String id, String name, int score) {
        super();
        this.id = id;
        this.name = name;
        this.score = score;
    }
```

```
    public String getId() {
        return id;
    }
    @Override
    // 实现 Comparable 接口,按照 score 进行排序
    public int compareTo(Object o) {
        Student s = (Student) o;
        return this.score - s.score;
    }
    @Override
    public String toString() {
        return "Student [id=" + id + ", name=" + name + ",
                    score=" + score + "]";
    }
    @Override
    public int hashCode() {
        final int prime = 31;
        int result = 1;
        result = prime * result + ((id == null) ? 0 : id.hashCode());
        return result;
    }
    @Override
    public boolean equals(Object obj) {
        if (this == obj)
            return true;
        if (obj == null)
            return false;
        if (getClass() != obj.getClass())
            return false;
        Student other = (Student) obj;
        if (id == null) {
            if (other.id != null)
                return false;
        } else if (! id.equals(other.id))
            return false;
        return true;
    }
}
```

③ 读入一行记录可以生成一个 Student 对象,此处定义方法实现。

```
public static Student getStudent(String line) {
    // 001   Liming   85
    String[] ss = line.split("\t");
```

```
    if (ss.length !=3)
        return null;
    return new Student(ss[0], ss[1], Integer.parseInt(ss[2]));
}
```

④ 创建 TreeSet 对象,将读入的每行记录生成的 Student 对象添加进来。

```
TreeSet<Student>set1 =new TreeSet<Student>();
Scanner scn =new Scanner(System.in);
System.out.println("Input Student info(\"id\tname\tscore\"):");
String line =scn.nextLine();          // 读一行记录
while (line !=null && line.length() !=0) {
    Student b =getStudent(line);  // 生成对象
    set1.add(b);                      // 对象添加进集合
    line =scn.nextLine();
}
scn.close();
```

⑤ 除了按照成绩排序外,本题还要求按照学号排序。Student 类中的 compareTo( )方法实现的是按照成绩排序。如果要再根据学号排序,需要使用 Comparator 比较器。

首先,针对 Student 类定义一个根据学号排序的比较器类 IdComparator。

```
class IdComparator implements Comparator<Student>{   // 比较器类
    @Override
    // 实现 Comparator 接口的方法
    public int compare(Student o1, Student o2) {
        return o1.getId().compareTo(o2.getId()); // 根据学号比较两个对象的大小
    }
}
```

然后,新建 TreeSet 对象 set2 时,指定以一个 IdComparator 对象作为排序的依据。

```
TreeSet<Student>set2 =new TreeSet<Student>(new IdComparator());
```

每次生成的 Student 对象也同时添加到 set2 中。

⑥ 最后,对 set1 和 set2 两个集合分别遍历输出即可。此处专门定义了 printSet( )方法来实现输出。

```
public static void printSet(TreeSet<Student>set) {
    Iterator<Student>it =set.iterator();
    while (it.hasNext())
        System.out.println(it.next());
}
```

【程序代码】

```java
import java.util.*;
//定义类,实现 Comparable 接口,确定对象排序规则
class Student implements Comparable {
    private String id, name;
    private int score;
    public Student(String id, String name, int score) {
        super();
        this.id = id;
        this.name = name;
        this.score = score;
    }
    public String getId() {
        return id;
    }
    @Override
    public int compareTo(Object o) {
    // 实现 Comparable 接口的方法,按照 score 进行排序
        Student s = (Student) o;
        return this.score - s.score;
    }
    @Override
    public String toString() {
        return "Student [id=" + id + ", name=" + name + ", score="
                          + score + "]";
    }
    @Override
    public int hashCode() {
        final int prime = 31;
        int result = 1;
        result = prime * result + ((id == null) ? 0 : id.hashCode());
        return result;
    }
    @Override
    public boolean equals(Object obj) {   // equals()方法规定重复对象的规则
        if (this == obj)
            return true;
        if (obj == null)
            return false;
        if (getClass() != obj.getClass())
            return false;
        Student other = (Student) obj;
        if (id == null) {
```

```
            if (other.id !=null)
                return false;
        }
        else if (! id.equals(other.id))
            return false;
        return true;
    }
}
// 比较器类
class IdComparator implements Comparator<Student>{
    @Override
    // 实现 Comparator 接口的方法
    public int compare(Student o1, Student o2) {
        return o1.getId().compareTo(o2.getId());// 根据学号比较两个对象的大小
    }
}
// 测试类
public class TestTreeSet {
    // 根据 line 创建 Student 对象
    public static Student getStudent(String line) {
        String[] ss =line.split("\t");
        if (ss.length !=3)
            return null;
        return new Student(ss[0], ss[1], Integer.parseInt(ss[2]));
    }
    // 输出集合中的所有数据
    public static void printSet(TreeSet<Student>set) {
        Iterator<Student>it =set.iterator();
        while (it.hasNext())
        System.out.println(it.next());
    }
    public static void main(String[] args) {
        // set1 默认按照 Comparable 接口定义对象顺序
        TreeSet<Student>set1 =new TreeSet<Student>();
        // set2 指定了比较器，按 ID 排序
        TreeSet<Student>set2 =new TreeSet<Student>(new IdComparator());
        Scanner scn =new Scanner(System.in);
        System.out.println("Input Student info(\"id\tname\tscore\"):");
        String line =scn.nextLine();
        while (line !=null && line.length() !=0) {
            Student b =getStudent(line);
            set1.add(b); // 对象 b 加入到 set1 中
            set2.add(b); // 对象 b 加入到 set2 中
```

```
            line =scn.nextLine();
        }
        scn.close();
        System.out.println("all students (by score):");
        printSet(set1);
        System.out.println("\nall students (by ID):");
        printSet(set2);
    }
}
```

【运行结果】

```
Input Student info("id      name      score"):
005     Zhang Shan      85
002     Li Ming      90
004     Zhao Wei      96

all students (by score):
Student [id=005, name=Zhang Shan, score=85]
Student [id=002, name=Li Ming, score=90]
Student [id=004, name=Zhao Wei, score=96]

all students (by ID):
Student [id=002, name=Li Ming, score=90]
Student [id=004, name=Zhao Wei, score=96]
Student [id=005, name=Zhang Shan, score=85]
```

自测题 11-6：候选人排序

【内容】

文件 zct6.txt 中存放着一组干部候选人的名字。编程依次读取所有人的名字，并按汉字编码顺序输出。

文件内容的格式如图 11-4 所示。

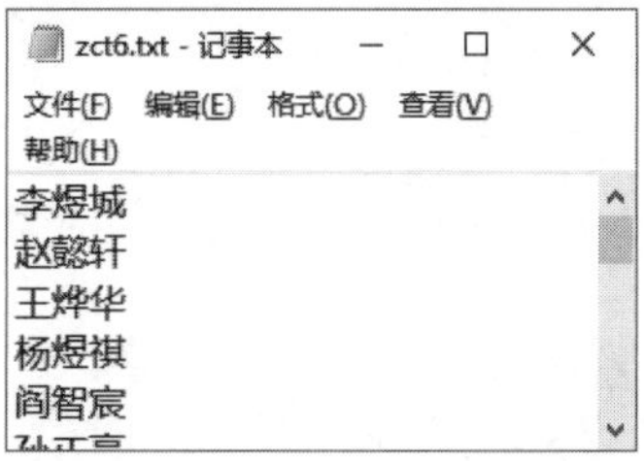

图 11-4　文件内容

自测题 11-7：汉字排序

【内容】

文件 zct7.txt 中存放着一组干部候选人的名字，内容如图 11-4 所示。编程依次读取所有人的名字，并按汉语拼音顺序输出。要求使用比较器实现。

提示：可使用 java.text.Collator 或第三方工具实现汉字的比较，请查询资料。

11.4 映射：HashMap

练习题 11-4：词频统计

【内容】

从键盘输入一个英文段落，统计并输出每个单词的词频。

【思路】

① 统计词频时，每个单词对应一个词频值，可以使用 Map 类来存放"单词-词频"键值对，单词为键，词频为值。为了高效处理，使用 HashMap 来实现。

```java
HashMap<String, Integer>wordmap =new HashMap<String, Integer>();
```

② 从键盘读入的段落中包含各种标点符号和不规范的空格。在切分之前，需要先进行预处理。

```java
Scanner scn =new Scanner(System.in);
System.out.println("Input a paragraph:");
String line =scn.nextLine();        // 读入段落
scn.close();
String line2 =line.replaceAll("\\p{Punct}", " ");   // 标点符号——空格
String[] words =line2.split("\\p{Space}+");          // 按空格切分为单词
```

③ 将数组 words 中的每个单词添加到 wordmap 中，更新对应单词的值。添加时先查询是否已有对应的键值对。

```java
for (String w : words) {
    if (wordmap.containsKey(w.toLowerCase())) {        // 是否已有该词
        int v =(int) wordmap.get(w.toLowerCase()) +1; // 有,词频应加 1
        wordmap.put(w.toLowerCase(), v);                // 修改 wordmap 中的值
    }
    else                                                // 没有,新词
        wordmap.put(w.toLowerCase(), 1);                // 存入,词频为 1
}
```

上段代码中将所有单词转成小写后添加进 wordmap 中。

④ 处理完数组，遍历映射并输出，此处定义了 printMap() 方法来实现。

```
public static void printMap(Map<String, Integer>map) {
    Set<Entry<String, Integer>>keys =map.entrySet();          // 获取 entrySet
    Iterator<Entry<String, Integer>>it =keys.iterator();      // 获取迭代器
    while (it.hasNext()) {                                     // 遍历
        Entry<String, Integer>word =it.next();
        // 输出 key 和对应的 value
        System.out.printf("[%-16s\t%d]\n", word.getKey(),
                        word.getValue());
    }
}
```

【程序代码】

```
import java.util.*;
import java.util.Map.Entry;
public class TestHashMap {
    public static void printMap(Map<String, Integer>map) {
        Set<Entry<String, Integer>> keys =map.entrySet();      // 获取 entrySet
        Iterator<Entry<String, Integer>>it =keys.iterator();// 获取迭代器
        while (it.hasNext()) {
            Entry<String, Integer>word =it.next();             // key
            // 获取 key 对应的 value
            System.out.printf("[%-16s\t%d]\n", word.getKey(),
                            word.getValue());
        }
    }
    public static void main(String[] args) {
        // 创建 HashMap 对象
        HashMap<String, Integer>wordmap =new HashMap<String, Integer>();
        Scanner scn =new Scanner(System.in);
        System.out.println("Input a paragraph:");
        String line =scn.nextLine();
        scn.close();
        String line2 =line.replaceAll("\\p{Punct}", " ");  // 标点符号——空格
        String[] words =line2.split("\\p{Space}+");         // 按空格切分为单词
        for (String w : words) {
            if (wordmap.containsKey(w.toLowerCase())) {    // 是否已有该词
                int v =(int) wordmap.get(w.toLowerCase()) +1;   // 词频+1
                wordmap.put(w.toLowerCase(), v);
            }
            else                                           // 新词
                wordmap.put(w.toLowerCase(), 1);              // 存入，词频为 1
        }
        System.out.println("all words:");
```

```
        printMap(wordmap);
    }
}
```

【运行结果】

```
Input a paragraph:
Describing the majesty of the heavens can sometimes leave people lost for
words. ↙
all words:
[the            2]
[can           1]
[describing    1]
[leave         1]
[lost          1]
[of            1]
[heavens       1]
[sometimes     1]
[for           1]
[words         1]
[majesty       1]
[people        1]
```

自测题 11-8：按键统计词频

【内容】

文件 zct8.txt 中存放着一个英文段落，内容如图 11-5 所示。

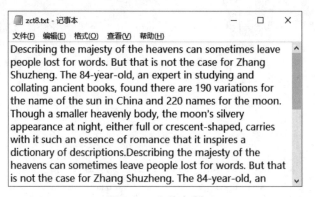

图 11-5　文件内容

编程读取该段落并进行词频统计，按单词顺序输出。

提示：使用 TreeMap 实现按关键字顺序处理。

自测题 11-9：按值统计词频

【内容】

文件 zct9.txt 中存放着一个英文段落,如图 11-5 所示。编程读取该段落并进行词频统计,按词频由高到低的顺序输出。

提示:可将映射转换为列表,创建 Comparator 指定排序规则,通过对列表排序实现按值输出。

11.5　集合工具类的应用

练习题 11-5：集合数据处理示例

【内容】

文件 lxt5.txt 中存放着多行商品销售记录,内容如图 11-6 所示。

商品条码	商品名称	规格	单价	数量	金额	订单编号	成交时间
6935937963	彩电	55寸	2599	1	2599	20190601NO.0012750	2019-06-01_08:45
6911215692	冰箱	303升	2799	1	2799	20190601NO.0012751	2019-06-01_09:25
6920236141	洗衣机	7.5公斤	1099	1	1099	20190601NO.0012752	2019-06-01_09:56
6920348152	空调	1.5匹	2699	2	5398	20190601NO.0012752	2019-06-01_09:56
6930849623	彩电	43寸	1799	1	1799	20190601NO.0012753	2019-06-01_10:16
6911215692	冰箱	303升	2799	1	2799	20190601NO.0012753	2019-06-01_10:16
6920236141	洗衣机	7.5公斤	1099	1	1099	20190601NO.0012754	2019-06-01_10:36
6920348152	空调	1.5匹	2699	1	2699	20190601NO.0012755	2019-06-01_10:58

图 11-6　文件内容

(1) 从文件中读取所有的销售记录,按照商品名称进行排序,输出排序之后的第一个数据。

(2) 按照成交金额由高到低进行排序,输出排序之后的第一个数据。

【思路】

① 为了表示每行销售记录,定义 SalesRecord 类。因需要按照商品名称进行排序,需要实现 Comparable 接口,定义两行销售记录的比较规则。为了方便输出销售记录,重写 toString() 方法。

```
class SalesRecord implements Comparable <SalesRecord>{
    private String barcode, name, type, orderID, time;
    private double price, total;
    private int number;
    public SalesRecord( String barcode, String name, String type,
                    double price, int number, double total,
                    String orderID, String time) {
        super();
        this.barcode =barcode;
```

```
        this.name =name;
        this.type =type;
        this.orderID =orderID;
        this.time =time;
        this.price =price;
        this.total =total;
        this.number =number;
    }
    public double getTotal() {
        return this.total;
    }
    @Override
    public int compareTo(SalesRecord obj) {
        return this.name.compareTo(obj.name); // 按照 name 比较大小
    }
    @Override
    public String toString() {
        return "SalesRecord [ " +barcode +", " +name +", " +type
                    +", " +price +"元, " +number +"个, " +total +"元, "
                    +orderID +", " +time +" ]";
    }
}
```

② 读入的每行记录需要创建对应的 SalesRecord 对象，定义 getSalesRecord()方法实现。

```
public static SalesRecord getSalesRecord(String line) {
    String[] ss =line.split("\t");
    if (ss.length !=8)     return null;
        return new SalesRecord( ss[0], ss[1], ss[2],
                    Double.parseDouble(ss[3]), Integer.parseInt(ss[4]),
                    Double.parseDouble(ss[5]), ss[6], ss[7] );
}
```

③ 定义 ArrayList 对象存放所有的 SalesRecord 对象。

```
// 新建 ArrayList
ArrayList<SalesRecord>records =new ArrayList<SalesRecord>();
```

④ 定义 BufferedReader 对象读取文件的每行信息，创建 SalesRecord 对象。

```
BufferedReader br =null;
String line =null;
try {
    br =new BufferedReader(new FileReader(".\\files\\lab11\\lxt5.txt"));
```

```
br.readLine();              // 跳过标题行
line =br.readLine();
while (line !=null && line.length() >0) {
    SalesRecord obj =getSalesRecord(line);
    if(obj!=null)
        records.add(obj);
    line =br.readLine();
    }
br.close();
}
catch (IOException e) {
    e.printStackTrace();
}
```

⑤ 使用 Collections 工具类对 records 按照名称进行排序。排序之后的第 1 个数据可以使用列表的 get()方法获取。

```
Collections.sort(records);//排序,默认按照 SalesRecord 类的 compareTo()进行比较
System.out.println(records.get(0));// 排序之后,输出 records 中的第 1 个对象
```

⑥ 再次进行成交金额排序时,需要额外定义 Comparator 比较器类来指定比较的规则。

```
class TotalComparator implements Comparator<SalesRecord>{@ Override
    // 指定按照 total 属性比较
    public int compare(SalesRecord o1, SalesRecord o2) {
        double d =o2.getTotal() -o1.getTotal();
        if (d >1e-6)
            return 1;
        else if (d <-1e-6)
            return -1;
        else
            return 0;
    }
}
```

⑦ 使用 Collections 工具类对 records 进行排序,排序时指定比较器为 TotalComparator 对象。

```
// 指定比较器为 TotalComparator
Collections.sort(records, new TotalComparator());
System.out.println(records.get(0)); // 再次排序之后,输出 records 中的第 1 个对象
```

【程序代码】

```java
import java.io.*;
import java.util.*;
class SalesRecord implements Comparable <SalesRecord>{
    private String barcode, name, type, orderID, time;
    private double price, total;
    private int number;
    public SalesRecord(String barcode, String name, String type,
                       double price, int number, double total,
                       String orderID, String time) {
        super();
        this.barcode =barcode;
        this.name =name;
        this.type =type;
        this.orderID =orderID;
        this.time =time;
        this.price =price;
        this.total =total;
        this.number =number;
    }
    public double getTotal() {
        return this.total;
    }
    @Override
    public int compareTo(SalesRecord obj) {
        return this.name.compareTo(obj.name);    // 按照 name 比较大小
    }
    @Override
    public String toString() {
        return "SalesRecord [ " +barcode +", " +name +", " +type +",
                " +price +"元, " +number +"个, " +total +"元, "
                +orderID +", " +time +" ]";
    }
}
// 定义比较器类,定义按照成交金额进行比较
class TotalComparator implements Comparator<SalesRecord>{
    @Override
    public int compare(SalesRecord o1, SalesRecord o2) {
        double d =o2.getTotal() -o1.getTotal();
        if (d >1e-6)
            return 1;
        else if (d <-1e-6)
            return -1;
```

```
        else
            return 0;
    }
}
public class TestCollections {
    public static SalesRecord getSalesRecord(String line) {
        String[] ss =line.split("\t");
        if (ss.length !=8)     return null;
        return new SalesRecord( s[0], ss[1], ss[2],
                Double.parseDouble(ss[3]), Integer.parseInt(ss[4]),
                Double.parseDouble(ss[5]), ss[6], ss[7]);
    }
    public static void main(String[] args) {
        // 新建 ArrayList 对象
        ArrayList<SalesRecord>records =new ArrayList<SalesRecord>();
        BufferedReader br =null;
        String line =null;
        try {
            br =new BufferedReader
                ( new FileReader(".\\files\\lab11\\lxt5.txt") );
            br.readLine();     // 跳过标题行
            line =br.readLine();
            while (line !=null && line.length() >0) {   // 该行有内容
                SalesRecord obj =getSalesRecord(line);
                if (obj !=null)        records.add(obj);
                line =br.readLine();
            }
            br.close();
        }
        catch (IOException e) {
            e.printStackTrace();
        }
        // 排序,默认按照 SalesRecord 类的 compareTo()进行比较
        Collections.sort(records);
        // 排序之后,输出 records 中的第 1 个对象
        System.out.println(records.get(0)); .
        // 再次排序,指定比较器为 TotalComparator
        Collections.sort(records, new TotalComparator());
        // 再次排序之后,输出 records 中的第 1 个对象
        System.out.println(records.get(0));
    }
}
```

【运行结果】

```
SalesRecord [ 6911215692, 冰箱, 303 升, 2799.0 元, 1 个, 2799.0 元, 20190601NO.
0012751, 2019-06-01_09:25 ]
SalesRecord [ 6921242568, 空调, 3 匹, 6799.0 元, 1 个, 6799.0 元, 20190601NO.
0012760, 2019-06-01_14:22 ]
```

【思考】

如需再次按照销售数量由高到低进行排序，应如何实现？

自测题 11-10：豆瓣读书榜单 v1

【内容】

文件 zct10.txt 中存放着豆瓣图书 2019 年童书榜单，内容如图 11-7 所示。

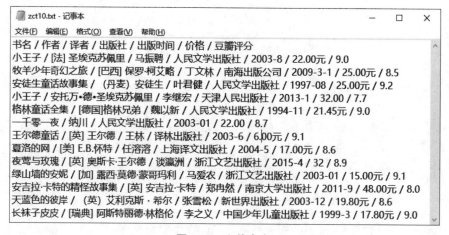

图 11-7　文件内容

编程读取文件内容，按评分由高到低进行排序，在屏幕上输出评分前三名的图书。

自测题 11-11：豆瓣读书榜单 v2

【内容】

文件 zct11.txt 中存放着豆瓣图书 2019 年童书榜单，内容同图 11-7。编程读取文件内容，按出版时间由先到后进行排序，输出最早出版的图书信息，并将排序之后的结果保存到 zct11out.txt 中。

11.6　基于集合类实现复杂数据结构

练习题 11-6：堆栈使用示例

【内容】

堆栈（stack）是一种重要的数据结构，它按照"后进先出"（Last-In First-Out，LIFO）

的原则来存取多项数据。堆栈在计算机中有广泛的应用,如方法调用、表达式求解等。堆栈工作时,一端是固定的,称为栈底(bottom);另一端是浮动的,称为栈顶(top)。所有的数据存入或取出,只能在栈顶进行。中间或底部的数据必须在其上部的所有数据移出后才能被取出。数据进入堆栈称为入栈,数据从堆栈中取出称为出栈。

java.util.Stack 类实现了堆栈,其继承关系如图 11-8 所示。

图 11-8　堆栈结构

编写程序,创建堆栈,向其中压入用户输入的一组单词。之后,查询堆栈中是否含有单词 Java:若有,则将该单词出栈;若无,则输出 no Java。

【思路】

① 创建 Stack 对象,存放字符串。

```
Stack<String>stack =new Stack<String>();
```

② 使用 Scanner 对象读入一行单词,并切分成多个词,存入字符串数组中。

```
Scanner scn =new Scanner(System.in);
System.out.println("Input words(end with space):");
String str =scn.nextLine();
scn.close();
String[] words =str.split(" ");
```

③ 将每个词压入栈中。

```
for (String s : words)      // 逐个压入栈中
    stack.push(s);
```

④ 定义 printStack()方法来输出栈中存放的数据。

```
// 定义方法,输出栈的内容
public static void printStack(Stack<String>stack) {
    System.out.print("data in stack: ");
    String each;
```

```
        Iterator<String>iter =stack.iterator();
        while (iter.hasNext()) {
            each =iter.next();
            System.out.print(each +", ");
        }
        System.out.println();
    }
```

⑤ 调用 Stack 对象的 push()方法向栈中压入数据,而 pop()方法将栈顶数据出栈。

```
stack.pop();       // 栈顶数据出栈
printStack(stack);
```

⑥ 调用 Stack 对象的 search()方法来查询栈中是否有 Java。

```
int idx =stack.search("Java");
```

⑦ 若 idx 值为-1,说明栈中并无 Java;若 idx 值不为-1,说明栈中有 Java,此时使用
循环依次将栈顶数据出栈,直到 Java 出栈为止。

```
if (idx ==-1) {   // 无
    System.out.println("no data");
    return;
} else {              // 有,依次出栈,直到为指定数据时停止
    String s;
    do {
        s =stack.pop();
    } while ( s.equals("Java") !=true );      // 不是 Java,继续出栈
}
```

【程序代码】

```
import java.util. * ;
public class TestStack {
    public static void main(String[] args) {
        Stack<String>stack =new Stack<String>();
        Scanner scn =new Scanner(System.in);
        System.out.println("Input words(end with space):");
        String str =scn.nextLine();
        scn.close();
        String[] words =str.split(" ");
        for (String s : words)    // 逐个压入栈中
            stack.push(s);
        printStack(stack);        // 输出栈的内容
        int idx =stack.search("Java");   // 查找 Java
```

```
            if (idx ==-1) {              // 无
                System.out.println("no data");
                return;
            }
            else {                       // 有，依次出栈，直到为指定数据时停止
                String s;
                do {
                    s =stack.pop();
                } while (s.equals("Java") !=true);       // 不是 Java，继续出栈
            }
            printStack(stack);       // 输出栈的内容
        }
        // 定义方法，输出栈的内容
        public static void printStack(Stack<String>stack) {
            System.out.print("data in stack: ");
            String each;
            Iterator<String>iter =stack.iterator();
            while (iter.hasNext()) {
                each =iter.next();
                System.out.print(each +", ");
            }
            System.out.println();
        }
    }
```

【运行结果】

Input words(end with space):
This document is the API specification for the Java Platform Standard Edition✓
data in stack: This, document, is, the, API, specification, for, the, Java,
Platform, Standard, Edition,
data in stack: This, document, is, the, API, specification, for, the,

自测题 11-12：十进制整数转为二进制数

【内容】

将十进制整数转为二进制数可以采用除二取余法，转换过程如图 11-9 所示，十进制数 37 转换为二进制数 100101。

编写程序，将用户输入的十进制数转为二进制并输出，要求使用栈实现。

输入输出示例如下所示。

除数	商	余数
2	37	1
2	18	0
2	9	1
2	4	0
2	2	0
2	1	1
	0	

图 11-9 十进制数转为二进制数

```
Input a decimal number:158↙
binary number:10011110
```

自测题 11-13：二叉树

【内容】

二叉树是一种典型的数据结构,采用树状结构来存储数据。一个典型的二叉树结构如图 11-10 所示。

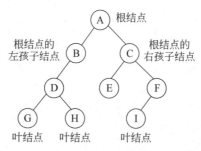

图 11-10   二叉树结构

由图 11-10 可知,二叉树是由多个结点通过树枝连接构成。每个结点最多有两个子结点,分别称为左孩子和右孩子;左孩子结点和右孩子结点是有顺序的,次序不能任意颠倒。二叉树中最重要的结点是其根结点:根结点没有父结点,如结点 A;由根结点出发可以到达任何结点,因此可以使用根结点来表示一棵二叉树。有些结点没有子结点,称为叶结点,如结点 G、H 和 I。

在构建一个二叉树时,可以指定结点中存放数据的顺序,即有序二叉树。在有序二叉树中,左子树上每个结点的数值都小于当前结点的值,右子树上每个结点的数值都大于当前结点的值,如图 11-11 所示。

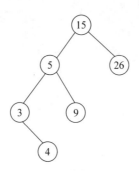

图 11-11   有序二叉树

二叉树的遍历是指从二叉树的根结点出发,按照某种次序依次访问二叉树中的所有结点,使得每个结点被访问一次,且仅被访问一次。常用的遍历方法有前序遍历、中序遍历、后序遍历。此处的前、后、中指的是根结点的访问顺序。

前序遍历先访问根结点、再访问左子树、最后访问右子树。图 11-11 中二叉树的前序遍历结果为"15 5 3 4 9 26"。

中序遍历先访问左子树、再访问根结点、最后访问右子树。图 11-11 中二叉树的前序遍历结果为"3 4 5 9 15 26"。

后序遍历先访问左子树、再访问右子树、最后访问根结点。图 11-11 中二叉树的后序遍历结果为"4 3 9 5 26 15"。

编写程序，从键盘输入多个整数，以 -1 作为输入的结束标志。将整数存放到列表中，并基于该列表构建一棵有序二叉树，输出该二叉树的前序遍历、中序遍历、后序遍历的结果。

输入输出的过程如图所示。

```
Input numbers(end with -1):25 16 87 45 29 9 102 58 -1
PreOrder: 25 16 9 87 45 29 58 102
InOrder: 9 16 25 29 45 58 87 102
PostOrder: 9 16 29 58 45 102 87 25
```

提示：可定义结点类、二叉树类和测试类。

11.7　集合类综合应用

自测题 11-14：集合操作

【内容】

集合是由多个数据构成的整体，是集合论的主要研究对象。集合中的数据称为元素。若 x 是集合 S 的元素，称 x 属于 S，记为 x∈S。若 y 不是集合 S 的元素，称 y 不属于 S，记为 y∉S。

例如，S=｛'a','b','c','d','e','f','g','h','i','j','k','l','m','n','o','p','q','r','s','t','u','v','w','x','y','z'｝是小写字母集合；P=｛1,2,3,4,5,6,7,8,9,10,...｝是自然数集合。

两个集合的常用操作是并（A∪B）、交（A∩B）、补（A-B）。其中，

A∩B=｛x｜x∈A，且 x∈B｝，即交集由既属于 A、又属于 B 的元素组成；

A∪B=｛x｜x∈A，或 x∈B｝，即并集由所有属于 A 或属于 B 的元素所组成；

A-B=｛x｜x∈A，且 x∉B｝，即补集由属于 A 而不属于 B 的元素组成。

例如，对于小写字母集合 S，若有 A=｛'a','b','c','d','e'｝，B=｛'d','e','f','g','h','i','j'｝，则：

A∩B=｛'d','e'｝

A∪B=｛'a','b','c','d','e','f','g','h','i','j'｝

A-B=｛'a','b','c'｝

编写程序，设计一个集合运算工具类，可以对两个集合进行并、交、补运算。

现有某教育培训机构组织学员报名参加某次杯赛。为了针对性地提高学员成绩，该机构还开办了面向该杯赛的培训班。文件 zct14_1.txt 中存放着报名参加杯赛的学员名单。文件 zct14_2.txt 中存放着报名参加培训班的学员名单。文件的内容如图 11-12 所示。

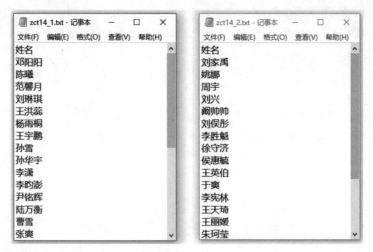

图 11-12　文件内容

　　读取文件内容,基于以上工具类统计同时报名参加杯赛和培训班的学员信息,将这些信息保存到文件 zct14out_1.txt 中进行备份,并输出这些学员的人数。然后统计只报名参加杯赛、未报名培训班的学员信息,将这些信息保存到文件 zct14out_2.txt 中进行备份。

　　输入输出的示例如下。

```
match ∩ train:[刘家禹, 姚娜, 刘兴, 周宇, 刘侯彤, 阚帅帅]
match ∩ train:6
match ∪ train:[沈红宇, 陆万衡, 杨雨桐, 陈曦, 孙雪, 王宇鹏, 刘家禹, 范馨月, 姚娜,
match - train:[沈红宇, 陆万衡, 杨雨桐, 陈曦, 孙雪, 王宇鹏, 范馨月, 初慧斌, 王宁鹏
```

自测题 11-15:账号信息管理

【内容】

　　文件 zct15.txt 中存放着某电商网站的账号信息,包含用户名、密码、电话号码和邮箱。电话号码相同的用户认为是同一个用户。文件的内容如图 11-13 所示。

name	psw	phone	email
空自忆	654321	1560123456	1560123456@qq.com
浅柠半夏	470200	1560123457	1560123457@qq.com
雨不眠的下		307994　1560123458	1560123458@qq.com
璃沫宁夏	965872	1560123459	1560123459@qq.com
软喵酱乄	935653	1560123460	1560123460@qq.com
木月	322097	1560123461	1560123461@qq.com
婉若清风	336272	1560123462	1560123462@qq.com
欢乐的生活		551204　1560123463	1560123463@qq.com
明晨紫月	485036	1560123464	1560123464@qq.com
白云下的棉絮		121978　1560123465	1560123465@qq.com
雨点躲日落		763409　1560123466	1560123466@qq.com
夏晨曦	642157	1560123467	1560123467@qq.com

图 11-13　文件内容

编写程序,读取文件内容。根据输入的电话号码,对用户信息进行查询和修改。查询和修改前必须输入正确的密码后才可以进行。用户的各项信息均可以修改,修改完的信息需要保存到文件 zct15out.txt 中进行备份。

输入输出过程示例如下。

```
Input your phone:1560123456
Input your password:654321
Account [name=空自忆, psw= * * *, phone=1560123456, email=1560123456@qq.com]
Update( 1-name; 2-psw; 3-phone; 4-email; 0-exit):1
Input your new name:helloyou
name is updated!
Update( 1-name; 2-psw; 3-phone; 4-email; 0-exit):2
Input your new password:123456
password is updated!
Update( 1-name; 2-psw; 3-phone; 4-email; 0-exit):4
Input your new email:helloyou@163.com
Update( 1-name; 2-psw; 3-phone; 4-email; 0-exit):3
Input your new phone:1560654321
Update( 1-name; 2-psw; 3-phone; 4-email; 0-exit):0
backup data...
backup finished...
```

备份文件的内容如图 11-14 所示。

图 11-14　备份文件内容

Java 综合设计案例

实验目的

本实验使用 Java 程序来求解不同学科的具体问题,通过不同学科问题的分析和设计,使学生形成对专业学科的初步认知和对程序知识工具性的理解,利用专业案例搭建从知识到应用的桥梁,实现学习程序知识、掌握应用技术和提升综合能力,使学生能在之后的专业研究和行业工作中,主动有效地利用计算机相关技术去解决复杂的实际工程问题。

12.1 基于元胞自动机模型模拟晶粒演变过程

【案例介绍】

钢铁材料广泛地应用在能源、交通、建筑、海工、航空、航天、国防等诸多国民经济领域。热加工是钢铁生产过程中的环节之一,用来改善材料性能、满足不用应用场景的需要。材料的宏观性能主要是由其微观组织决定的,因此需要对热加工过程中微观组织演变过程进行预测或控制,为制定合理的锻造生产工艺提供依据和指导,从而提高生产效益。

图 12-1 是锻态 30Cr2Ni4MoV 低压转子钢被切割加工成 Φ10mm×15mm 的圆柱形试样,按照特定的加热工艺进行加热保温实验后,在金相显微镜下得到的金相制样[①]。可以看到,随着保温时间的增加,晶粒尺寸明显增大;而且,在一些尺寸较小的晶粒周围存在着尺寸较大的晶粒,说明大晶粒是通过吞噬小晶粒而长大的。

预测和控制热加工过程中微观组织演变最常用的研究思路是通过一定条件下的物理实验来建立演变模型。随着计算机技术的发展,越来越多的研究者通过计算方法来对微观组织的演变过程进行模拟和预测。

元胞自动机模型(Cellular Automata,CA)由"现代计算机之父"冯·诺依曼在 20 世纪 50 年代提出,用来模拟复杂物理现象的演变过程,是材料微观组织演变模拟和预测的重要方法。元胞自动机是一种在时间和空间上都离散的数学模型,通过邻域元胞之间的转变规则来描述各种复杂系统状态之间的演化。一个 CA 模型主要由五部分组成:元胞、元胞状态、邻居类型、元胞空间和元胞转变规则。例如一个照明系统由 4×8 的灯泡阵列(元胞空间)构成;每个灯泡(元胞,此例为正方形元胞)有"开"和"关"两种状态(元胞状态);每个灯泡与周围的 8 个灯泡相连(邻居类型,此处为 Moore 邻居类型);每个元胞下一

---

① 李翠冬. 低压转子钢奥氏体微观组织演变的数学建模与模拟[D]. 上海:上海交通大学,2013.

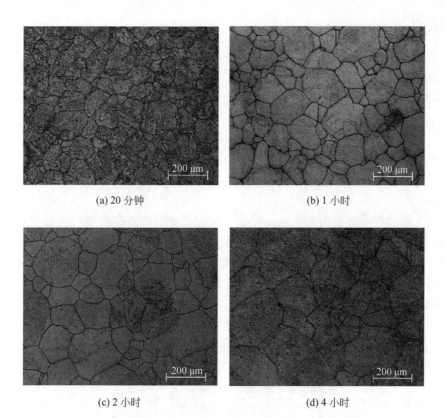

(a) 20 分钟

(b) 1 小时

(c) 2 小时

(d) 4 小时

图 12-1 加热温度为 900℃是不同保温时间下的奥氏体晶粒

时刻的状态是根据当前时刻自己的状态和周围 8 个灯泡的状态来决定的,如取当前时刻邻居中占多数的状态(元胞转变规则)。在图 12-2 中,图 12-2(a)是初始 t 时刻的状态,图 12-2(b)和图 12-2(c)则是按以上转变规则预测得到的 t+1 时刻(1 个时间步,1CAS)、t+2 时刻(2 个时间步,2CAS)的状态。此模型模拟了照明系统逐渐熄灭的过程。

此元胞有5个邻居亮灯,下一时刻亮灯   此元胞有3个邻居亮灯,下一时刻灭灯

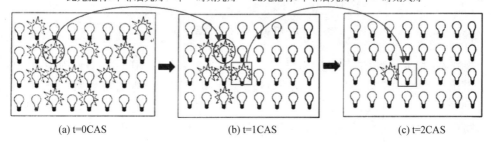

(a) t=0CAS

(b) t=1CAS

(c) t=2CAS

图 12-2 照明系统元胞自动机模型

在使用元胞自动机进行材料微观组织演变分析时,可选用正方形元胞网格来模拟真实材料的微观组织,如图 12-3(a)所示。每个元胞代表一定体积的真实材料空间。元胞的邻居取 Moore 类型,即元胞 C5 的邻居为 C1～C4、C6～C9,如图 12-3(b)所示。若元胞位于网格边缘,则认为其与另一侧的元胞相邻,例如左边缘上元胞的左侧邻居是右边缘上的

相应元胞,上边缘上元胞的上侧邻居是下边缘上的相应元胞。

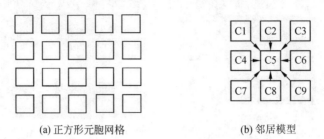

(a) 正方形元胞网格   (b) 邻居模型

图 12-3   材料微观组织元胞自动机模型

每个元胞的状态定义为元胞取向变量。元胞取向用特定范围内的整数表示,当相邻元胞取向变量值相等时认为位于同一个晶粒。初始时需要输入每个元胞的初始状态。

奥氏体晶粒在奥氏体化后会不断长大,促进晶粒长大的外因有温度热力学机制、晶界曲率驱动等。将这些促使奥氏体晶粒长大的物理机制转化为元胞自动机模型中的元胞转换规则,即可模拟奥氏体化晶粒长大的过程。其中,晶界曲率驱动机制有以下 3 个规则。

规则 1:如果元胞 C5 周围有连续 5 个或 5 个以上的元胞为相同的状态 i,则在下一个时间步,元胞 C5 的状态将转变为 i。规则 1 示意图如图 12-4 所示。

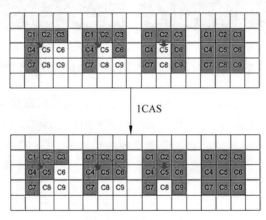

图 12-4   规则 1 示意

规则 2:如果元胞 C5 的最近邻居元胞 C2、C4、C6 和 C8 中任意 3 个元胞为相同的状态 i,则在下一个时间步,元胞 C5 的状态将转变为 i。规则 2 示意图如图 12-5 所示。

规则 3:如果元胞 C5 的最近邻居元胞 C1、C3、C7 和 C9 中任意 3 个元胞为相同的状态 i,则在下一个时间步,元胞 C5 的状态将转变为 i。规则 3 示意图如图 12-6 所示。

编写程序,模拟晶粒长大的演变过程。其中,初始晶粒 CA 模型中元胞空间为 8×8;每个元胞的状态值(即元胞取向变量)设为 $1\sim4$ 的整数。初始时,每个元胞的状态值随机分配。计算经过 n 个时间步后晶粒的状态。

【思路】

① 根据题意,可以设计 CellularAutomata 类来表示元胞自动机模型。题中元胞空间为 8×8 网格,可以用 8×8 的二维数组来存储。元胞自动机需要设置规则,并按照规则进

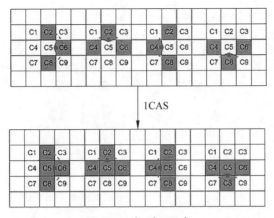

图 12-5　规则 2 示意

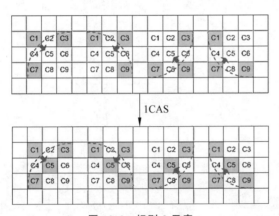

图 12-6　规则 3 示意

行状态演变,因此另设计 Rule 类表示每条规则。实现元胞自动机的演变时需要用到一些工具方法,可以定义 CATools 类实现。最后定义 GrainEvolutionWithCA 类来实现晶粒长大演变过程。各个类之间的关系如图 12-7 所示。

图 12-7　各个类之间的关系

② 为了辅助元胞自动机查找邻居,在 CATools 类中定义静态方法 getNeighbor()。另定义 printGrid()方法来打印输出所有的元胞状态。CATools 类的定义如下。

```
class CATools {
    // 根据 type 取(i,j)的邻域,type 为 1、2、3
    public static int[] getNeighbor(int[][] grid, int i, int j, int type) {
        int r = grid.length;            // 行数
```

```
        int c =grid[0].length;          // 列数
        int upx = (i -1 +r) % r;         // 上行 行数
        int downx = (i +1 +r) % r;       // 下行 行数
        int lefty = (j -1 +c) % c;       // 左行 列数
        int righty = (j +1 +c) % c;      // 右行 列数
        int[] n =null;
        if (type ==1) {                  // 规则 1：8 邻域
            n =new int[8];
            n[0] =grid[upx][lefty];      // C1
            n[1] =grid[upx][j];          // C2
            n[2] =grid[upx][righty];     // C3
            n[3] =grid[i][lefty];        // C4
            n[4] =grid[i][righty];       // C6
            n[5] =grid[downx][lefty];    // C7
            n[6] =grid[downx][j];        // C8
            n[7] =grid[downx][righty];   // C9
        }
        else if (type ==2) {             // 规则 2：4 邻域
            n =new int[4];
            n[0] =grid[upx][j];          // C2
            n[1] =grid[i][lefty];        // C4
            n[2] =grid[i][righty];       // C6
            n[3] =grid[downx][j];        // C8
        }
        else if (type ==3) {             // 规则 3：4 邻域
            n =new int[4];
            n[0] =grid[upx][lefty];      // C1
            n[1] =grid[upx][righty];     // C3
            n[2] =grid[downx][lefty];    // C7
            n[3] =grid[downx][righty];   // C9
        }
        return n;
    }
    public static void printGrid(int[][] grid) {     // 输出所有的元胞状态
        for (int k =0; k <grid.length; k++)          // 按行输出
            System.out.println(Arrays.toString(grid[k]));
    }
}
```

③ 题中共涉及 3 种变换规则，为了区别每类规则，可以定义属性 type。在演变过程中需要根据规则来判断每个元胞状态是否满足规则、并依据变换规则变换到新状态，因此定义两个方法：execute()计算指定元胞按照当前规则转换时的新状态值；is5Equal()是规则 1 的辅助方法，计算是否有 5 个以上连续的邻居元胞具有相同的状态值。Rule 类的设

计如图 12-8 所示。

Rule
int type
Rule(int type); boolean satisfy(int[][],int,int); int is 5 Equal(int[]n) int execute(int[][],int,int)

图 12-8　Rule 类

Rule 类的定义如下。

```
class Rule                              // 转换规则
{    private int type;                  // 规则类型,值为 1、2、3
    public Rule(int type) {
        super();
        this.type =type;
    }
    // 对(i,j)执行当前规则,得到(i,j)的新状态;不满足当前规则,返回-1
    public int execute(int[][] grid, int i, int j) {
        int m =grid.length;            // 行数
        int n =grid[0].length;         // 列数
        int[] neighbor =CATools.getNeighbor(grid, i, j, type); // 获取邻居
        switch (type) {
            case 1:                     // 规则 1,有 5 个连续邻居有相同状态值
                int newState =is5Equal(neighbor);
                return newState;        // 按规则 1 的新状态值
            case 2:
            case 3:                     // 规则 2 和 3,有 3 个邻居有相同状态值
                Arrays.sort(neighbor);
                if (neighbor[0] ==neighbor[2])
                    return neighbor[0]; // 新状态为 neighbor[0]
                else if (neighbor[1] ==neighbor[3])
                    return neighbor[3]; // 新状态为 neighbor[1]
                break;
        }
        return -1;                      // 不符合当前规则,返回-1
    }
    // 邻居元胞数组 n 中是否有连续 5 个邻居的状态值相等,返回相等的状态值 或 -1(无)
    private int is5Equal(int[] n) {
        if(n[0]==n[1]&&n[1]==n[2]&&n[2]==n[4]&&n[4]==n[7])
            return n[0];
        else if(n[1]==n[2]&&n[2]==n[4]&&n[4]==n[7]&&n[7]==n[6])
            return n[1];
```

```
    else if(n[2]==n[4]&&n[4]==n[7]&&n[7]==n[6]&&n[6]==n[5])
        return n[2];
    else if(n[4]==n[7]&&n[7]==n[6]&&n[6]==n[5]&&n[5]==n[3])
        return n[4];
    else if(n[7]==n[6]&&n[6]==n[5]&&n[5]==n[3]&&n[3]==n[0])
        return n[7];
    else if(n[6]==n[5]&&n[5]==n[3]&&n[3]==n[0]&&n[0]==n[1])
        return n[6];
    else if(n[5]==n[3]&&n[3]==n[0]&&n[0]==n[1]&&n[1]==n[2])
        return n[5];
    else if(n[3]==n[0]&&n[0]==n[1]&&n[1]==n[2]&&n[2]==n[4])
        return n[3];
    return -1;
    }
}
```

④ 在 Rule 的基础上,定义 CellularAutomata 类实现元胞自动机模型。CellularAutomata 类的设计如图 12-9 所示。

CellularAutomata
int[][] grid; ArrayList\<Rule> rules;
CellularAutomata(int[][],ArrayList\<Rule>); void evolve(int n_cas);

图 12-9　CellularAutomata 类

CellularAutomata 类的定义如下。

```
class CellularAutomata
{
    protected int[][] grid;                    // 元胞网格
    protected ArrayList< Rule> rules;          // 转换规则
    public CellularAutomata(int[][] grid, ArrayList< Rule> rules)
    {   // 构造方法
        super();
        this.grid =grid;
        this.rules =rules;
    }
    public void evolve(int n_cas)
    {   // 按 rules 转换到第 n 个时间步
        int m =grid.length;                    // 行数
        int n =grid[0].length;                 // 列数
        int[][] t =new int[m][n];              // 中间数组
```

```
        for (int k =1; k < =n_cas; k+ + ){        // 第 k 步
            for (int i =0; i <  m; i+ + )
                for (int j =0; j <  n; j+ + ){    // 处理元胞(i,j)
                    for (Rule r : rules) {        // 对每个规则 r
                        int newState =r.execute(grid, i, j);
                        if ( newState! =-1 ) {    // 满足当前规则 r
                            t[i][j] =newState;    // 新状态存入 t[i][j]
                            break;                // 后面的规则无需判断
                        }
                        else                      //不符合当前规则 r,状态暂时不变
                            t[i][j] =grid[i][j];
                    }
                }
            this.grid =t;                         // 第 k 步转换后的结果 t,存入 grid
        }
        System.out.println("n-cas end...");
    }
}
```

⑤ 定义 GrainEvolutionWithCA 实现晶粒的演变过程。

```
class GrainEvolutionWithCA {
    int[][] grid;
    ArrayList<Rule>rules;
    public GrainEvolutionWithCA() {
        super();
        initGrid();                    // 调用 initGrid(),初始化 grid
        initRules();                   // 调用 initRules(),初始化 rules
    }
    private void initGrid() {          // 初始化 grid
        grid =new int[8][8];
        int m =grid.length, n =grid[0].length;
        for (int i =0; i <m; i++)
            for (int j =0; j <n; j++)
                // 1~4 的随机状态
                grid[i][j] =(int) (Math.random() * 4) +1;
        System.out.println("initial:");
        CATools.printGrid(grid);
    }
    private void initRules() {         // 初始化 rules
        rules =new ArrayList<Rule>();// 依次添加 3 个规则
        rules.add(new Rule(1));
        rules.add(new Rule(2));
        rules.add(new Rule(3));
```

```
    }
    public static void main(String[] args) {
        GrainEvolutionWithCA ge = new GrainEvolutionWithCA();
        CellularAutomata ca = new CellularAutomata(ge.grid, ge.rules);
        Scanner scn = new Scanner(System.in);
        System.out.print("Input CAS:");
        int n = scn.nextInt();
        scn.close();
        if (n < 0)
            System.out.println("error");
        else
            ca.evolve(n);
    }
}
```

⑥ 为了显式地展示转换结果，定义图形化界面 GrainEvolutionFrame 类进行可视化控制。

```
public class GrainEvolutionFrame extends JFrame implements ActionListener {
    GrainEvolutionWithCA ge;                    // 属性 ge,用于实现晶粒演变
    JPanel north, center;
    JLabel label;
    JTextField input;
    JButton submit, refresh;
    JLabel[] cells;
    public GrainEvolutionFrame() {              // 构造方法,创建窗口
        ge = new GrainEvolutionWithCA();        // 创建 GrainEvolutionWithCA 对象
        setTitle("Grain Evolution");
        setLocation(300, 200);
        setSize(600, 600);
        setResizable(true);
        setDefaultCloseOperation(JFrame.EXIT_ON_CLOSE);
        north = new JPanel();                   // 创建上部操作面板
        label = new JLabel("时间步:");
        input = new JTextField(10);
        submit = new JButton("开始模拟");        // 开始按钮
        submit.addActionListener(this);         // 注册开始按钮的监听器
        refresh = new JButton("恢复");           // 恢复按钮
        refresh.addActionListener(this);        // 注册恢复按钮的监听器
        // 依次添加到操作面板中
        north.add(label);
        north.add(input);
        north.add(submit);
        north.add(refresh);
        center = new JPanel();                   // 创建中部显示面板
        // 设置为 8 行 8 列网格布局
        center.setLayout(new GridLayout(8, 8, 5, 5));
```

```
            center.setBackground(Color.lightGray);
            cells =new JLabel[8 * 8];
            int k =0;
            for (int i =0; i <8; i++)
                for (int j =0; j <8; j++) {
                    cells[k] =new JLabel();              // 创建每个元胞对应的标签
                    cells[k].setHorizontalAlignment(SwingConstants.CENTER);
                    cells[k].setSize(7, 7);
                    cells[k].setOpaque(true);
                    // 根据元胞的当前状态值,设置对应标签的颜色
                    Color color =getColor(ge.grid[i][j]);
                    cells[k].setBackground(color);
                    center.add(cells[k]);                // 向面板 center 中加入当前标签
                    k++;
                }
            display();                                   // 调用方法,显示初始状态
            add(north, BorderLayout.NORTH);              // 将面板 north 添加到窗体的上部
            add(center, BorderLayout.CENTER);            // 将面板 center 添加到窗体的中部
            setVisible(true);
    }
    @Override
    public void actionPerformed(ActionEvent e) {         // 事件处理
        if (e.getSource() ==submit) {                    // 开始按钮的事件处理
            // 根据 ge 创建 CellularAutomata 对象 ca
            CellularAutomata ca =new CellularAutomata(ge.grid, ge.rules);
            try {
                int n =Integer.parseInt(input.getText());    // 读入时间步的值
                ca.evolve(n);                            // 进行演变
                ge.grid =ca.grid;                        // 演变后的结果存入 ge.grid 中
                display();                               // 显示元胞状态
            }
            catch (NumberFormatException e1) { // 输入异常
            }
        }
        if (e.getSource() ==refresh) {                   // 恢复按钮的事件处理
            ge =new GrainEvolutionWithCA();
            display();                                   // 显示元胞状态
        }
    }
    public void display() {                              // 显示 ge.grid 元胞状态
        int[][] grid =ge.grid;
        int k =0;
        for (int i =0; i <8; i++)
            for (int j =0; j <8; j++)
                //根据状态设置颜色
                cells[k++].setBackground(getColor(grid[i][j]));
```

```
    }
    private static Color getColor(int n) {        // 工具方法,根据状态值获取对应颜色
        Color color =Color.black;                 // 默认黑色
        switch (n) {
            case 1:
                color =Color.blue;
                break;
            case 2:
                color =Color.green;
                break;
            case 3:
                color =Color.red;
                break;
            case 4:
                color =Color.yellow;
        }
        return color;
    }
    public static void main(String[] args) {
        new GrainEvolutionFrame();
    }
}
```

【运行结果】

运行结果如图 12-10 所示。

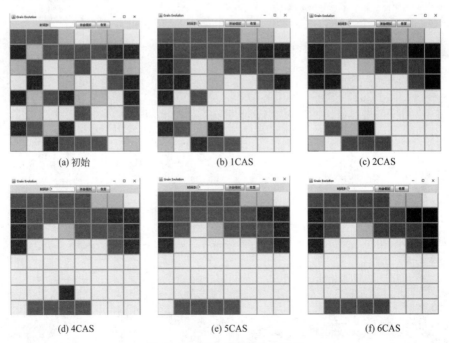

| (a) 初始 | (b) 1CAS | (c) 2CAS |
| (d) 4CAS | (e) 5CAS | (f) 6CAS |

图 12-10　程序界面及执行过程

【思考】

尝试设置不同的窗口尺寸、不同的初始分布，观察晶粒长大的过程。

12.2　对 DNA 序列进行基因预测

【案例介绍】

DNA 是生物遗传信息的载体，其化学名称为脱氧核糖核酸（DeoxyriboNucleic Acid，缩写为 DNA）。DNA 分子是一种长链聚合物，DNA 序列由腺嘌呤（Adenine，A）、鸟嘌呤（Guanine，G）、胞嘧啶（Cytosine，C）、胸腺嘧啶（Thymine，T）这四种核苷酸符号按一定的顺序连接而成。其中带有遗传信息的 DNA 片段称为基因（Gene）。其他的 DNA 序列片段，有些直接以自身构造发挥作用，有些则参与调控遗传信息的表现[①]。

在真核生物的 DNA 序列中，基因通常被划分为许多间隔的片段，如图 12-11 所示。

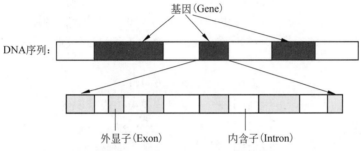

图 12-11　真核生物 DNA 序列结构示意图

其中编码蛋白质的部分，即编码序列（Coding Sequence）片段，称为外显子（Exon）；不编码的部分称为内含子（Intron）。外显子在 DNA 序列剪接后仍然会被保存下来，并可在蛋白质合成过程中被转录（Transcription）、复制（Replication）而合成为蛋白质（Protein），如图 12-12 所示。DNA 序列通过遗传编码来储存信息，指导蛋白质的合成，把遗传信息准确无误地传递到蛋白质上去并实现各种生命功能。

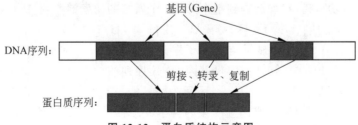

图 12-12　蛋白质结构示意图

对大量、复杂的基因序列的分析，传统生物学采用分子实验方法，其代价高昂。随着世界人类基因组工程计划的顺利完成，通过物理或数学的方法从大量的 DNA 序列中获

---

① 朱道元. 第十三届全国研究生数学建模竞赛. 数学的实践与认识，Vol.43，No.14，2013：1-25。

取丰富的生物信息,对生物学、医学、药学等诸多方面都具有重要的理论意义和实际价值,也是目前生物信息学领域的一个研究热点。

对于给定的 DNA 序列,如何识别出其中的编码序列(外显子),也称为基因预测,是生物信息学中最基础、最首要的问题之一。在基因预测研究中,信号处理与分析方法得到广泛的应用,过程如下。

1. 数字序列映射

在 DNA 序列研究中,首先需要把 A、T、G、C 四种核苷酸的符号序列,根据一定的规则映射成相应的数值序列,以进行后续的数字处理。

令 $I=\{A,T,G,C\}$,长度为 N 的 DNA 序列可以表示为:$S=\{S[n]\,|\,S[n]\in I,n=0,1,2,\cdots,N-1\}$,即 A、T、G、C 的符号序列 S:$S[0]$,$S[1]$,...,$S[N-1]$。

对于任意 $b\in I$,令

$$u_b[n]=\begin{cases}1,S[n]=b\\0,S[n]\neq b\end{cases},n=0,1,2,\cdots,N-1$$

称为 Voss 映射。Voss 映射会生成相应的 0-1 序列(二进制序列)。

例如,假设给定的一段 DNA 序列片段 s=ATCGTACTG,则 Voss 映射生成的四个 0-1 序列分别为:

$$\{u_A[n]\}=\{1,0,0,0,0,1,0,0,0\}$$
$$\{u_G[n]\}=\{0,0,0,1,0,0,0,0,1\}$$
$$\{u_C[n]\}=\{0,0,1,0,0,0,1,0,0\}$$
$$\{u_T[n]\}=\{0,1,0,0,1,0,0,1,0\}$$

产生的四个 0-1 序列又称为 DNA 序列的指示序列(indicator Sequence)。

2. 频谱 3-周期性

为了研究 DNA 编码序列(外显子)的特性,对指示序列分别进行离散傅里叶变换(DFT),变换公式如下。

$$U_b[k]=\sum_{n=0}^{N-1}u_b[n]\,e^{-j\frac{2\pi nk}{N}},k=0,1,\cdots,N-1$$

由此可得到四个长度为 N 的复数序列 $\{U_b[k]\}$,$b\in I$。计算每个复数序列 $\{U_b[k]\}$ 的平方功率谱,相加后得到整个 DNA 序列 S 的功率谱序列 $\{P[k]\}$:

$$P[k]=|U_A[k]|^2+|U_G[k]|^2+|U_C[k]|^2+|U_T[k]|^2,k=0,1,\cdots,N-1$$

在一段 DNA 序列中,外显子与内含子序列片段的功率谱通常表现出不同的特性。图 12-13 是编号为 BK006948.2 的酵母基因 DNA 序列的功率谱。

图 12-13(a)是基因上一段外显子(区间为[81787,82920],长 1134)对应的指示序列映射的功率谱;图 12-13(b)是基因上一段内含子(区间为[96361,97551],长 1191)的指示序列的功率谱。可以看出,外显子序列的功率谱曲线在频率 $k=\dfrac{N}{3}$ 处,具有较大的频谱峰值(Peak Value),而内含子则没有类似的峰值。这种统计现象称为碱基的 3-周期。

记 DNA 序列 S 的总功率谱的平均值为 $\bar{E}=\dfrac{\sum\limits_{k=0}^{N-1}P[k]}{N}$。

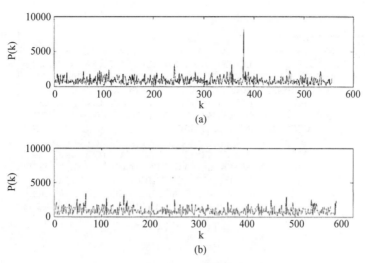

(a)

(b)

图 12-13 外显子和内含子的功率谱示例

（因对称性，此图为实际功率谱图的一半）

将 DNA 序列在 $k = \dfrac{N}{3}$ 处的功率谱值 $P\left[\dfrac{N}{3}\right]$ 与 $\bar{E}$ 的比率称为 DNA 序列的信噪比（Signal Noise Ratio，SNR），即 $R = \dfrac{P\left[\dfrac{N}{3}\right]}{\bar{E}}$。

DNA 序列的信噪比的大小，既表示频谱峰值的相对高度，也反映了该序列 3-周期性的强弱。信噪比 R 大于特定阈值 R_0（如 $R_0 = 2$），认为是 DNA 序列上的外显子（基因编码序列）。

3. 基因识别

引入信噪比的最终目的是识别、预报一个尚未被注释的完整的 DNA 序列的所有基因编码序列片段，流程如图 12-14 所示。

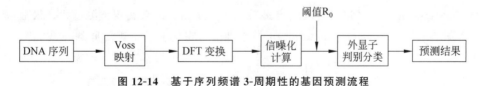

图 12-14 基于序列频谱 3-周期性的基因预测流程

要求：文件 dnaEx.txt 中存放着一个 DNA 序列 S，如图 12-15 所示。

对 S 中的每一位 S_i，取以 S_i 为中心的长度为 M 的序列片段 $\left[i - \dfrac{M-1}{2}, i + \dfrac{M-1}{2}\right]$，其中 M 通常取值为 3 的倍数，如 M＝99，129，255 等。当 S_i 接近序列两端时，按实际序列片段进行处理。

对该片段的四个指示序列进行以下离散傅里叶变换：

图 12-15　DNA 序列

$$U_b[k] = \sum_{i=n-\frac{M-1}{2}}^{i=n+\frac{M-1}{2}} u_b[i]\, e^{-j\frac{2\pi ik}{N}}, \quad k=0,1,\cdots,M-1$$

之后，求出该片段在 $\dfrac{M}{3}$ 处的总频谱值 $P_i\left[\dfrac{M}{3}\right]$：

$$P_i\left[\frac{M}{3}\right] = \left|U_{Ai}\left[\frac{M}{3}\right]\right|^2 + \left|U_{Gi}\left[\frac{M}{3}\right]\right|^2 + \left|U_{Ci}\left[\frac{M}{3}\right]\right|^2 + \left|U_{Ti}\left[\frac{M}{3}\right]\right|^2$$

最后，对得到的频谱值 $P_i\left[\dfrac{M}{3}\right]$，$i=0,1,2,\cdots$ 进行标准化处理（即除以最大频谱值 $\max\limits_{i=0,1,2\cdots}\left\{P_i\left[\dfrac{M}{3}\right]\right\}$），得到该 DNA 序列 S 的频谱值序列/频谱曲线。其中值较大的区间通常对应 DNA 序列的基因外显子。

【思路】

① 根据题意，设计 DNASerial 类来表示每个 DNA 序列片段。对 DNA 进行离散傅里叶变换时出现了复数，因此另设计 Complex 类表示每个复数。进行基因预测时需要指定 DFT 的长度、数据文件名等，因此定义 GenePrediction 类来实现预测过程。最后，为了展示计算结果，定义 GenePredictionPlot 类来进行可视化。各个类之间的关系如图 12-16 所示。

图 12-16　各类之间的关系

② Complex 类的定义如下。

```
class Complex {
    double re, im;                        // 实部和虚部
```

```
public Complex(double re, double im) {
    super();
    this.re =re;
    this.im =im;
}
public Complex add(Complex obj) {        // 复数相加
    double re =this.re +obj.re;
    double im =this.im +obj.im;
    return new Complex(re, im);
}
double getSquarePower() {                 // 计算平方功率
    return re * re +im * im;
}
}
```

③ DNASerial 类表示每个 DNA 序列片段,其设计如图 12-17 所示。

DNASerial
String dnastr; privae int n; int[] uA, uT, uG, uC; Complex[] uAdft, uTdft, uGdft, uCdft

DNASerial(String str);
void voss(String str);
Complex[] dft([]int arr);
void dft();
double calP3M();

图 12-17   DNASerial 类

DNASerial 类的定义如下。

```
class DNASerial {                    // DNA 序列片段
    String dnaStr;                   // DNA 序列内容
    private int n;                   // dnaStr 的长度
    int[] uA, uT, uG, uC;            // 4 个指示序列
    Complex[] uAdft, uTdft, uGdft, uCdft;        // 4 个指示序列的 DFT 变换结果
    public DNASerial(String str) {
        super();
        this.dnaStr =str;
        this.n =str.length();
        voss(str);                   // 调用私有方法 voss()进行 Voss 映射
        dft();                       // 调用 dft()进行离散傅里叶变换
    }
    // 私有方法,对 dnaStr 进行 voss 映射,生成 4 个指示序列
    private void voss(String str) {
        uA =new int[str.length()];
        uT =new int[str.length()];
```

```
        uG = new int[str.length()];
        uC = new int[str.length()];
        char[] arr = str.toCharArray();
        for (int i = 0; i < arr.length; i++)
         {  // 逐个处理每个字符,直接存入对应数组
            char ch = arr[i];
            switch (ch) {
                case 'A':  uA[i] = 1;  break;
                case 'T':  uT[i] = 1;  break;
                case 'G':  uG[i] = 1;  break;
                case 'C':  uC[i] = 1;
            }
        }
    }
    void dft() {        // 对 4 个指示序列进行 DFT,结果存入对应属性中
        this.uAdft = dft(uA);
        this.uTdft = dft(uT);
        this.uGdft = dft(uG);
        this.uCdft = dft(uC);
    }
    // 私有方法,对 arr 进行 DFT,生成 Complex 结果数组并返回
    private Complex[] dft(int[] arr) {
        int N = arr.length;
        Complex[] u = new Complex[N];
        for (int k = 0; k < N; k++) {
            // 计算 u[k]
            Complex sum = new Complex(0, 0);        // 累加器
            double theta, re, im;                   // 临时变量
            Complex temp;
            for (int n = 0; n < N; n++) {
                theta = -2 * Math.PI * n * k / N;
                re = arr[n] * Math.cos(theta);
                im = arr[n] * Math.sin(theta);
                temp = new Complex(re, im);
                sum = sum.add(temp);
            }
            u[k] = sum;
        }
        return u;
    }
    public double calP3M() {      // 计算 P[M/3]
        int i = n / 3;            // M/3
        double d = uAdft[i].getSquarePower() + uTdft[i].getSquarePower()
            + uGdft[i].getSquarePower() + uCdft[i].getSquarePower();
        return d;
```

```
        }
    }
```

④ 在 DNASerial 的基础上,定义 GenePrediction 类实现基因预测过程。GenePrediction
类的设计如图 12-18 所示。

GenePrediction
int M=129; String filename; ArrayList\<DNASerial>list; Double[] p3Ms;

GenePrediction(String filename);
void getList();
void getP3Ms;
void main(String[] args);

图 12-18　CellularAutomata 类

GenePrediction 类的定义如下。

```
class GenePrediction
{
    public static final int M =129;      // 每个 dna 序列的长度
    public String filename;              // 指定的文件名
    ArrayList< DNASerial> list;          // 列表,存放每个 dna 序列片段对象
    Double[] p3Ms;                       // 存放每个 dna 序列片段的 M/3 频谱值
    public GenePrediction(String filename)
    {
        super();
        this.filename =filename;
        getList();       // 调用私有方法 getList()提取每个片段,存入 list
        getP3Ms();       // 调用私有方法 getP3Ms()计算每个片段的 P[M/3],存入 p3Ms
    }
    private void getList() {      // 从 filename 中提取每个序列片段,存入列表中
        // 读文件,获取整个 DNA 序列
        BufferedReader br =null;
        String line =null;
        try {
            br =new BufferedReader(new FileReader(filename));
            line =br.readLine();
            br.close();
        }
        catch (IOException e) {
            e.printStackTrace();
        }
        list =new ArrayList<DNASerial>();   //list 依次存放每个 dnaSeries 对象
        int i, left, right;
```

```
        String serial = "";        // 存放每个提取出的 DNA 序列片段
        // 自左向右依次提取每个 DNA 序列片段
        for (i = 0; i < line.length(); i++) {
            left = i - (M - 1) / 2;
            right = i + (M - 1) / 2;
            if (left < 0)
                serial = line.substring(0, right + 1);
            else if (right >= line.length())
                    serial = line.substring(left);
            else
                serial = line.substring(left, right + 1);
            DNASerial obj = new DNASerial(serial);        // 根据提取的片段生成对象
            list.add(obj);              // 当前 DNA 序列片段加入到 list 中
        }
    }
    private void getP3Ms() {            // 计算 P[3/M]频谱值存入 p3Ms 数组中,标准化
        p3Ms = new Double[list.size()];
        int i;
        for (i = 0; i < list.size(); i++)
            p3Ms[i] = list.get(i).calP3M();//计算对象的 P[M/3]频谱存入 p3Ms 中
        // 标准化
        double max = Collections.max(Arrays.asList(p3Ms));// 求出最大值
        for (i = 0; i < list.size(); i++)
            p3Ms[i] = p3Ms[i] / max;
    }
    public static void main(String[] args) {
        GenePrediction obj =
                new GenePrediction(".\\files\\lab12\\dnaEx.txt");
        Double[] p3Ms = obj.p3Ms;   // 得到每个 DNA 序列片段的 p[M/3]值
    }
}
```

⑤ 为了形象地展示计算结果,定义 GenePredictionPlot 类对计算得到的功率谱进行图形化展示。在 GenePredictionPlot 类中使用第三方组件 JFreeChart 绘制了折线图。GenePredictionPlot 类的定义如下。

```
public class GenePredictionPlot {
    // 根据 values 数组生成画图所用的数据集
    public static CategoryDataset GetDataset(Double[] values) {
        DefaultCategoryDataset mDataset = new DefaultCategoryDataset();
        for (int i = 0; i < values.length; i++)
            mDataset.addValue(values[i], "power", String.valueOf(i));
        return mDataset;
    }
    public static void main(String[] args) {
```

```
                // 针对指定文件生成 GenePrediction 对象,进行基因预测
                GenePrediction obj =
                        new GenePrediction(".\\files\\lab12\\dnaEx.txt");
                // 获取每个 DNA 序列片段的 p[M/3]值
                Double[] p3Ms =obj.p3Ms;
                // 根据计算结果生成画图所用的数据集
                CategoryDataset mDataset =GetDataset(p3Ms);
                // 创建 JFreeChart 对象,基于数据集 mDataset 画折线图
                JFreeChart mChart =ChartFactory.createLineChart(
                        "Gene Serial Power Spectrum",            // 图表名字
                        "Gene Serial",                           // 横坐标
                        "Power",                                 // 纵坐标
                        mDataset,                                // 数据集
                        PlotOrientation.VERTICAL,                // 垂直
                        false,                                   // 不显示图例
                        true,                                    // 采用标准生成器
                        false);                                  // 是否生成超链接
                CategoryPlot mPlot =(CategoryPlot) mChart.getPlot();
                mPlot.setBackgroundPaint(Color.LIGHT_GRAY);      // 设置背景色
                mPlot.setRangeGridlinePaint(Color.BLUE);         // 背景底部横虚线
                mPlot.setOutlinePaint(Color.RED);                // 设置边界线
                ChartFrame mChartFrame;
                mChartFrame =new ChartFrame("Gene Serial Power Spectrum", mChart);
                mChartFrame.pack();
                mChartFrame.setVisible(true);
        }
}
```

【运行结果】

运行结果如图 12-19 所示。

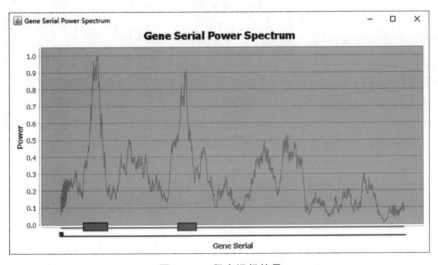

图 12-19　程序运行结果

由图 12-19 可以看出,蓝色水平线部分有显著的较高功率谱,因此认为此区间是该 DNA 序列的基因外显子。

12.3　使用多元线性回归预测空腹血糖

【案例介绍】

回归分析(regression analysis)是机器学习领域中的常用方法之一,用来确定两种或两种以上变量之间的定量关系,是一种预测性的建模技术。例如,在房产交易时根据房屋面积和房间数预测房价、在人力资源系统中根据工作年限预测员工收入等。其中,被预测的变量称为因变量(输出),如房价、员工收入;被用来进行预测的变量称为自变量(输入),如房屋面积、房间数和工作年限。

按照自变量和因变量之间的关系类型,可分为线性回归和非线性回归。线性回归指因变量和自变量之间为线性关系,可以用直线(回归线)对因变量和自变量之间的关系进行拟合。例如,产品促销时投放的广告费和销售额之间的关系可以用图 12-20(a)中的直线来拟合,两者之间为线性关系。

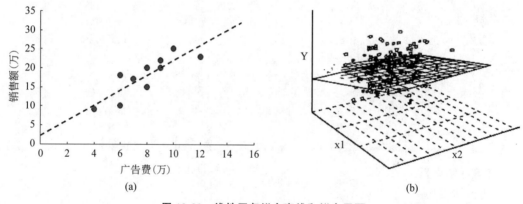

图 12-20　线性回归拟合直线和拟合平面

按照自变量的多少,回归分析又分为一元回归和多元回归。一元回归指的是只存在一个自变量;多元回归则存在多个自变量,即因变量的值受到多个因素的影响。例如,房价受房屋面积和房间数的影响,可使用二维空间中的回归平面来拟合,如图 12-20(b)所示。

多元线性回归(multiple linear regression analysis)研究一组自变量和一个因变量之间存在的线性关系,如糖尿病人的血糖与胰岛素、糖化血红蛋白、血清总胆固醇、甘油三酯之间的关系。

具体地说,多元线性回归可以解决以下几个问题。

(1) 确定几个特定的变量之间是否存在相关关系,如果存在的话,找出它们之间合适的数学表达式;

(2) 根据一个或几个变量的值,预测或控制另一个变量的取值,并且可以知道这种预测或控制能达到什么样的精确度;

（3）进行因素分析，找出哪些是重要因素，哪些是次要因素，因素之间有什么关系等。

设多元线性回归分析中有 m 个自变量，分别为 $x_1, x_2, \cdots, x_m$；因变量为 Y。现有 n 个已知的样本数据，如表 12-1 所示。

表 12-1 多元线性回归分析的数据格式

编号	x_1	x_2	...	x_j	...	x_m	y
1	x_{11}	x_{12}	...	x_{1j}	...	x_{1m}	y_1
2	x_{21}	x_{22}	...	x_{2j}	...	x_{2m}	y_2
			...				
i	x_{i1}	x_{i2}	...	x_{ij}	...	x_{im}	y_i
			...				
n	x_{n1}	x_{n2}	...	x_{nj}	...	x_{nm}	y_n

注：数据编号为 i（i=1,2,…,n）；变量个数为 j（j=1,2,…,m）

假定因变量 y 与自变量 $x_1, x_2, \cdots, x_m$ 间存在着如下线性关系：

$$y = h_\theta(x) = \theta_0 + \theta_1 x_1 + \theta_2 x_2 + \cdots + \theta_m x_m$$

为了表示更加规整，通常添加一个值恒为 1 的自变量 x_0，即 m+1 个自变量：

$$y = h_\theta(x) = \theta_0 x_0 + \theta_1 x_1 + \theta_2 x_2 + \cdots + \theta_m x_m = \sum_{j=0}^{m} \theta_j x_j, (x_0 = 1)$$

多元线性回归的目标就是根据 n 个样本估算出上式中的回归系数 $\theta_0, \theta_1, \theta_2, \cdots, \theta_m$，得到回归模型，使得按照回归模型估算出的估计值 $\hat{y_i}$ 与实际值 y_i 之间的误差尽可能小。通常，每个样本的误差用差值的平方来表示，即 $e_i = (\hat{y_i} - y_i)^2$。这样，在整个样本集上的平均误差 $J(\theta)$ 可以表示为：

$$J(\theta) = \frac{1}{n} \sum_{i=1}^{n} (\hat{y_i} - y_i)^2 = \frac{1}{n} \sum_{i=1}^{n} (\theta_0 x_{i0} + \theta_1 x_{i1} + \theta_2 x_{i2} + \cdots + \theta_m x_{im} - y_i)^2$$

$J(\theta)$ 也称为损失函数，多元线性回归的目标是求解使 $J(\theta)$ 最小的系数 $\theta_0, \theta_1, \theta_2, \cdots, \theta_m$，即 $\arg\min_{\theta} J(\theta)$。通常使用的求解方法有两种：梯度下降法和最小二乘法。

梯度下降法（Gradient Descent）的求解过程如下：给定 θ_j 一个初始值，然后逐步迭代改变 θ_j 的值，使得 $J(\theta)$ 的值逐渐变小。θ_j 的迭代公式如下，表示每次迭代时都向梯度下降的方向改变。

$$\theta_j = \theta_j - \alpha \times \frac{\partial}{\partial \theta_j} J(\theta)$$

其中，α 表示每次迭代时的下降速度，称为学习率。

$$\frac{\partial}{\partial \theta_j} J(\theta) = \frac{\partial}{\partial \theta_j} \left[\frac{1}{n} \sum_{i=1}^{n} (\hat{y_i} - y_i)^2 \right] = \frac{1}{n} \times \sum_{i=1}^{n} 2(\hat{y_i} - y_i) \times \frac{\partial}{\partial \theta_j} (\hat{y_i} - y_i)$$

$$= \frac{2}{n} \sum_{i=1}^{n} (\hat{y_i} - y_i) \times \frac{\partial}{\partial \theta_j} (\theta_0 x_{i0} + \theta_1 x_{i1} + \cdots \theta_j x_{ij} + \cdots + \theta_m x_{im} - y_i)$$

$$= \frac{2}{n} \sum_{i=1}^{n} (\hat{y_i} - y_i) \times x_{ij}$$

代入上述迭代公式后,得到 θ_j 的最终迭代公式:

$$\theta_j = \theta_j - \alpha \times \frac{2}{n} \sum_{i=1}^{n} (\hat{y_i} - y_i)\, x_{ij}$$

也就是说,每个 θ_j 的每次迭代都需要计算所有 n 个样本的当前估计值,因此也称为批下降梯度法(Batch Gradient Descent)。迭代算法如图 12-21 所示。

每个theta_j赋初值1
当未到迭代次数时
计算当前估计值yi'
对每个theta_j
按迭代公式更新theta_j
输出每个theta_j

图 12-21　多元线性回归的过程

现有文件 FPGdata.txt 中存放着 27 名糖尿病患者的血清总胆固醇(x_1)、甘油三酯(x_2)、空腹胰岛素(x_3)、糖化血红蛋白(x_4)、空腹血糖(y)的测量值,如图 12-22 所示。

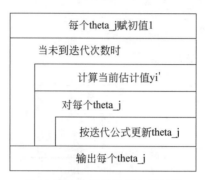

图 12-22　血糖相关数据

编写程序,使用梯度下降法进行多元线性回归,计算空腹血糖与血清总胆固醇、甘油三酯、空腹胰岛素、糖化血红蛋白之间的线性回归系数,并计算该回归模型的平均误差值。

【思路】

① 根据题意,设计 LinearRegression 类来表示多元线性回归模型。定义 LinearRegressionWithFBG 类来基于 LinearRegression 进行血糖数据的模型求解。

② 首先设计 LinearRegression 类。多元线性回归分析中需要有样本数据、回归系数、学习率和迭代次数等,因此 LinearRegression 类需要定义以下属性。

```
private double[][] trainData;    // 样本数据,一行一个样本,每一行最后一列为 y
private int n;                    // 样本数量
private int m;                    // 列数,若干个特征 +1(x0)+1(y)
```

```
private double[] theta;              // 参数 theta_0,theta_1,...,theta_4
private double alpha;                // 学习率
private int iteration;               // 迭代次数
```

③ 我们需从文件中获知样本的数量和每个样本的特征数和所有的样本内容,因此定义私有方法 getRowNumber()、getColumnNumber()和 loadTrainData(),具体定义如下。

```
private int getRowNumber(String fileName) {// 私有方法,获取文件中的样本数
    int count =0;
    BufferedReader in =null;
    try {
        in =new BufferedReader(new FileReader(fileName));
        while (in.readLine() !=null)     count++;
        in.close();
        } catch (IOException e) {
            e.printStackTrace();
        }
        return count -1;                          // 去掉标题行
    }
    // 私有方法,获取文件中样本的列数
    private int getColumnNumber(String fileName) {
        int count =0;
        BufferedReader in =null;
        try {
            in =new BufferedReader(new FileReader(fileName));
            in.readLine();                        // 跳过标题行
            String tempString =in.readLine();
            if (tempString !=null)
                count =tempString.split("\t").length;
            in.close();
        }
        catch (IOException e) {
            e.printStackTrace();
        }
        return count;
    }
    // 载入文件中的样本数据到 trainData 中
    private void loadTrainData(String fileName, int row, int col) {
        // trainData 的第一列全部置为 1.0(x0)
        for (int i =0; i <row; i++)
            trainData[i][0] =1.0;
        BufferedReader in =null;
        try {
            in =new BufferedReader(new FileReader(fileName));
```

```
                    String line =null;
                    int count =0;
                    in.readLine();                        // 跳过标题行
                    line =in.readLine();
                    while (line !=null && line.length() >0) {      // 非空行
                        String[] tempData =line.split("\t");
                        for (int i =0; i <col; i++)
                            trainData[count][i +1] =
                                        Double.parseDouble(tempData[i]);
                        count++;
                        line =in.readLine();
                    }
                    in.close();
                }
                catch (IOException e) {
                    e.printStackTrace();
                }
        }
```

④ 线性回归时首先需要对回归系数进行初始化,此处定义私有方法 initialize_theta()实现,定义如下。

```
private void initialize_theta(){      // 将 theta 参数全部初始化为 1.0
    for (int j =0; j <theta.length; j++)
        theta[j] =1.0;
}
```

⑤ 在以上几个方法的基础上,定义 LinearRegression 类的构造方法。

```
public LinearRegression(String fileName) {
    this(fileName, 0.001, 100000); // 学习率默认为 0.001,迭代次数默认为 100000
}
public LinearRegression(String fileName, double alpha, int iteration) {
    int row =getRowNumber(fileName);        // 获取文件中的样本数
    int col =getColumnNumber(fileName);      // 获取每个样本的列数
    trainData =new double[row][col +1];      // 加特征 x0(x0 恒等于 1),多 1 列
    this.n =row;
    this.m =col +1;
    this.alpha =alpha;
    this.iteration =iteration;
    theta =new double[col];                  // theta_j
    initialize_theta();                      // 初始化 theta_j
    loadTrainData(fileName, row, col);       // 加载文件中的数据到 trainData 中
}
```

⑥ 接下来设计 LinearRegression 类的核心方法 trainTheta()，实现回归模型的训练。由于在迭代过程中需要频繁计算第 i 个样本的当前估计值，先定义私有方法 cal_yi_gujizhi()。

```java
private double cal_yi_gujizhi(int i) { // 第 i 个样本的当前估计值 yi
    double sum = 0;
    for (int j = 0; j < theta.length; j++)
        sum += theta[j] * trainData[i][j];
    return sum;
}
public void trainTheta() {                  // 训练模型,训练结果直接存入 theta 数组中
    int iter = this.iteration;              // 迭代次数
    while ((iter--) > 0) {
        // yi_hat[i]存放第 i 个样本的当前估计值
        double[] yi_hat = new double[this.n];
        for (int i = 0; i < this.n; i++) {       // 样本 i
            yi_hat[i] = cal_yi_gujizhi(i);       // 计算估计值,存入 yi_hat[i]
        }
        for (int j = 0; j < theta.length; j++) { // 迭代每个 theta_j
            double partial_derivative = 0;       // 存放 theta_j 的偏导数
            for (int i = 0; i < this.n; i++)
                partial_derivative += (yi_hat[i] - trainData[i][this.m - 1])
                                * trainData[i][j];
            // 迭代公式
            this.theta[j] -= this.alpha * partial_derivative * 2 / this.n;
        }
    }
}
```

⑦ 为了进行模型的误差计算，为 LinearRegression 类定义 calAverageError()方法。

```java
public double calAverageError() {
    double sum = 0;
    for (int i = 0; i < this.n; i++) {
        double yi_hat = cal_yi_gujizhi(i);        // 第 i 个样本的当前估计值 yi
        double yi = this.trainData[i][this.m - 1]; // 第 i 个样本的真实值
        sum += (yi_hat - yi) * (yi_hat - yi);      // 第 i 个样本的平方误差
    }
    System.out.printf("Average Error of Dataset:\n\t% f", sum / this.n);
    return sum / this.n;
}
```

⑧ 为了方便展示训练数据和结果，为 LinearRegression 类定义 printTrainData()和 printTheta()方法。

```
public void printTrainData() {          // 打印样本数据
    System.out.println("Train Data:");
    for (int i = 0; i < m - 1; i++)
        System.out.printf("\t%s", "x" + i + " ");
    System.out.printf("\t%s", "y" + " \n");
    for (int i = 0; i < n; i++) {
        for (int j = 0; j < m; j++)
            System.out.printf("\t%s", trainData[i][j] + " ");
        System.out.println();
    }
}
public void printTheta() {              // 打印训练得到的回归系数
    System.out.print("Linear Regression Result:\n\t");
    for (double a : theta)
        System.out.print(a + " ");
    System.out.println();
}
```

至此，LinearRegression 类的设计完成，其 UML 图如图 12-23 所示。

LinearRegression
double[][] trainData; int n; int m; double[] theta; double alpha; int iteration;

LinearRegression(String fileName);
LinearRegression(String fileName, double alpha, int iteration);
int getRowNumber(String fileName);
int getColumnNumber(String fileName);
void loadTrainData(String fileName, int row, int col);
void initialize_theta();
void trainTheta();
double cal_yi_gujizhi(int i);
double calAverageError();
void printTrainData();
void printTheta();

图 12-23　LinearRegression 类

⑨ 主类 LinearRegressionWithFBG 中只需要定义 main()方法，实现 LinearRegression 对象的创建和方法调用即可。

```
public class LinearRegressionWithFBG {
    public static void main(String[] args) {
        LinearRegression m;
        m = new LinearRegression(".\\files\\lab12\\FPGdata.txt",
                                 0.001, 1000000);
        m.printTrainData();
```

```
            m.trainTheta();
            m.printTheta();
            m.calAverageError();
        }
    }
```

【运行结果】

运行结果如图 12-24 所示。

```
Train Data:
        x0      x1      x2      x3      x4      y
        1.0     5.68    1.9     4.53    8.2     11.2
        1.0     3.79    1.64    7.32    6.9     8.8
        1.0     6.02    3.56    6.95    10.8    12.3
        1.0     4.85    1.07    5.88    8.3     11.6
        1.0     4.6     2.32    4.05    7.5     13.4
        1.0     6.05    0.64    1.42    13.6    18.3
        1.0     4.9     8.5     12.6    8.5     11.1
        1.0     7.08    3.0     6.75    11.5    12.1
        1.0     3.85    2.11    16.28   7.9     9.6
        1.0     4.65    0.63    6.59    7.1     8.4
        1.0     4.59    1.97    3.61    8.7     9.3
        1.0     4.29    1.97    6.61    7.8     10.6
        1.0     7.97    1.93    7.57    9.9     8.4
        1.0     6.19    1.18    1.42    6.9     9.6
        1.0     6.13    2.06    10.35   10.5    10.9
        1.0     5.71    1.78    8.53    8.0     10.1
        1.0     6.4     2.4     4.53    10.3    14.8
        1.0     6.06    3.67    12.79   7.1     9.1
        1.0     5.09    1.03    2.53    8.9     10.8
        1.0     6.13    1.71    5.28    9.9     10.2
        1.0     5.78    3.36    2.96    8.0     13.6
        1.0     5.43    1.13    4.31    11.3    14.9
        1.0     6.5     6.21    3.47    12.3    16.0
        1.0     7.98    7.92    3.37    9.8     13.2
        1.0     11.54   10.89   1.2     10.5    20.0
        1.0     5.84    0.92    8.61    6.4     13.3
        1.0     3.84    1.2     6.45    9.6     10.4
Linear Regression Result:
        5.943267847931032 0.14244647940668786 0.35146548719729465 -0.2705852705204085 0.6382012439289401
Average Error of Dataset:
        3.290414
```

图 12-24　多元线性回归的运行结果

【扩展】

Java 语言有许多开源的第三方机器学习工具库,如 Weka[①]、Mahout、Java-ML、DeepLearning4j 等,其中封装集成了大量的机器学习算法(如分类、回归、聚类、关联规则、异常检测等),请查询资料学习。

12.4　中文词频分析

【案例介绍】

词频分析是自然语言处理领域中的基本技术之一,用于分析一段文本中每个词出现的频率。较高的词频意味着一个词在一段文本中出现的次数较多,通常认为该词体现了这段文本的主要内容。对一段中文文本进行词频分析需要经过中文分词和词频统计等两

---

① https://www.cs.waikato.ac.nz/ml/weka/。

个步骤。

中文分词是词频分析的基础,其目的是将一段中文本本切分为一个一个的词语,如"中华人民共和国成立于 1949 年"将被切分为"中华人民共和国""成立""于""1949""年"。

文本中常有一些无意义的虚词,如"的""与"、各种标点符号,难以体现文本的意思,因此在分词结果中需要删除,称之为停用词(Stop Word)。由于汉语的词语之间没有分隔符,因此需要设计专门的中文分词算法进行切分。目前有很多不同的中文分词思想,如基于词典的分词、基于统计的分词、基于规则的分词等;也出现了很多不同的分词算法,如正向最大匹配分词算法、逆向最大匹配分词算法、基于 N-gram 模型的统计分词算法、基于隐马尔科夫模型的统计分词算法等。

然后,对分词结果进行词频统计,记录每个词语的出现频率,即可得到词频分析结果。

现有词库文件 dict.txt、停用词库文件 stopword.txt 和需要进行词频统计的文件 text.txt,格式如图 12-25 所示。

(a) 词库文件　　　　　　　(b) 停用词库文件　　　　　　　(c) 待统计文件

图 12-25 中文词频统计相关文件

请设计中文分词器,基于正向最大匹配算法进行分词,并对 text.txt 中的文本进行词频统计,输出词频最大的前 10 个词。

对一个字符串进行正向最大匹配分词的算法流程如图 12-26 所示。

【思路】

① 根据题意,设计 ChineseWordDict 类来表示分词词库。最大匹配分析需要按从长到短的顺序依次尝试,因此定义比较器类 WordComparator 实现词库排序。设计 ChineseWordParser 类表示分词器,实现正向最大匹配分词。分词结果需要按照词频高低进行排序,因此定义比较器类 ResultComparator 实现分词结果的排序。最后,定义主类 TFCalculation 来进行整体流程的组织。各个类之间的关系如图 12-27 所示。

② ChineseWordDict 类表示词库,包括分词词库、停用词,定义两个列表对象 words 和 stopwords 分别存放中文词和停用词,同时记录分词词库的大小和最大词长。除了构造方法外,另定义私有方法 initDict() 和 initStopWord() 来载入文件的内容。还定义了 sort() 方法实现对 words 按词长排序。ChineseWordDict 类的设计如图 12-28 所示。

为了实现词库排序,定义 WordComparator 比较器类,代码如下。

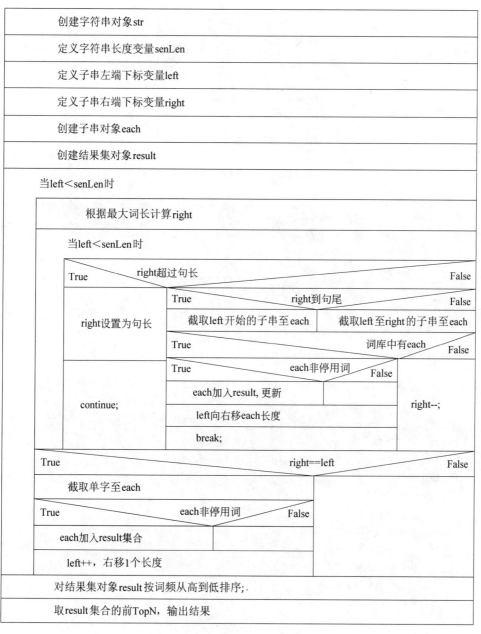

图 12-26　正向最大匹配分词算法

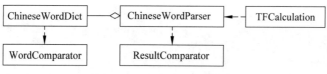

图 12-27　各个类之间的关系

ChineseWordDict
String dictFileName; String stopwordFileName; int maxLength; int n; LinkedList<String> words; LinkedList<String> stopwords;

ChineseWordDict();
void initDict();
void initStopWord();
void sort();

图 12-28　ChineseWordDict 类

```java
// 比较器类,词库按词长排序
class WordComparator implements Comparator<String>{
    @Override
    public int compare(String s1, String s2) {
        return s2.length() -s1.length();
    }
}
```

在 WordComparator 类的基础上,ChineseWordDict 类的代码如下。

```java
class ChineseWordDict {              // 中文词库
    String dictFileName =".\\files\\lab12\\dict.txt";
    String stopwordFileName =".\\files\\lab12\\stopword.txt";
    int maxLength;                   // 最大词长
    int n;                           // 分词词库的个数
    LinkedList<String>words;
    LinkedList<String>stopwords;
    public ChineseWordDict() {  // 构造方法
        super();
        words =new LinkedList<String>();
        stopwords =new LinkedList<String>();
        initDict();                  // 调用私有方法,载入分词词库
        initStopWord();              // 调用私有方法,载入停用词
        sort();                      // 调用私有方法,对分词词库进行排序
    }
    private void initDict() {    // 私有方法,读入词库文件
        BufferedReader br;
        maxLength =0;
        n =0;
        String each;
        int length =0;
        try {
            br =new BufferedReader( new InputStreamReader(
```

```java
                    new FileInputStream(dictFileName), "UTF-8") );
        each = br.readLine();                        // 读入一行
        while (each != null) {
            each.trim();
            length = each.length();
            if (length > 0) {
                words.add(each);
                n++;
                if (length > this.maxLength)         // 最大词长
                    this.maxLength = length;
            }
            each = br.readLine();
        }
        br.close();
    }
    catch (IOException e) {
        e.printStackTrace();
    }
}
private void initStopWord() {                         // 私有方法,读入停用词
    BufferedReader br;
    String each;
    int length;
    try {
        br = new BufferedReader(new InputStreamReader(new
                FileInputStream(stopwordFileName), "UTF-8"));
        each = br.readLine();
        while (each != null) {
            each.trim();
            length = each.length();
            if (length > 0)
                stopwords.add(each);
            each = br.readLine();
        }
        br.close();
    }
    catch (IOException e) {
        e.printStackTrace();
    }
}
private void sort() {                                 // 按词长排序
    WordComparator comp = new WordComparator();      // 比较器对象
    Collections.sort(words, comp);                   // 排序
```

```
        }
    }
```

③ ChineseWordParser 类表示分词器,需要有词库的支持。定义 forward_maximum
_matching()方法进行正向最大匹配分词。在中文文本中常有数字(如 1949),虽不在词
库中,但不应被切分,因此定义方法 isDigitalStr()来判断切出的结果是否为数字字符串。
切分出词后应更新结果集,定义方法 addResult()。切分完毕后需要对分词结果按词频排
序,因此定义 sortResultByTF()方法实现。ChineseWordParser 类的设计如图 12-29
所示。

ChineseWordParser
ChineseWordDict lib;

ChineseWordParser(ChineseWordDict lib);
List<Entry<String, Integer>> forward_maximum_matching(String str);
boolean isDigitalStr(String str);
void addResult(HashMap<String, Integer> result, String word);
List<Entry<String, Integer>> sortResultByTF(HashMap<String, Integer> result);

图 12-29　ChineseWordParser 类

为了实现结果排序,定义 ResultComparator 比较器类,代码如下。

```
// 比较器类,对结果集按词频排序
class ResultComparator implements Comparator<Map.Entry<String, Integer>>{
    public int compare(Entry<String, Integer>o1, Entry<String, Integer>o2){
        return o2.getValue() -o1.getValue();
    }
}
```

在 ResultComparator 类的基础上,ChineseWordParser 类的代码如下。

```
class ChineseWordParser {                               // 中文分词器类
    public ChineseWordDict lib;                         // 词库
    public ChineseWordParser(ChineseWordDict lib) {     // 构造方法
        this.lib =lib;
    }
    // 核心算法,进行正向最大匹配分词,结果为 List
    public List<Entry<String, Integer>>forward_maximum_matching
                ( String str ) {
        HashMap<String, Integer>result;                 // 用 map 存放结果
        result =new HashMap<String, Integer>();
        int left =0;                                    // 区间左端下标
        int right;                                      // 区间右端下标
        int senLen =str.length();
```

```
        String each;                                  // 存放每次切分出的字符串
        while ( left < senLen ) {                      // 当 left 未到句尾时,继续切词
            right = left + lib.maxLength - 1;          // 从 left 开始,计算右端点下标
            while (right > left) {                     // 未到左端点时
                if (right > senLen - 1){               // 右端点超过句长时
                    right = senLen - 1;                // 置右端点为句尾
                    continue;                          // 进行下一次循环
                }
                if (right == senLen - 1)               // 若到句尾
                    each = str.substring(left);        // 从 left 开始切到句尾
                else
                    // 从 left 开始切到 right
                    each = str.substring(left, right + 1);
                // 词库中有 each,或为数字字符串
                if ( lib.words.contains(each) || isDigitalStr(each) ) {
                    if (lib.stopwords.contains(each) == false)  //不是停用词
                        addResult(result, each);       // 切词成功,更新结果集
                    left += each.length();             // 重新计算下次切分的起点
                    break;                             // 结束此次 left 开始的切分
                } else
                    right--;         // 当前切分结果不在词库,词长 - 1,继续尝试
            }
            if (right == left) {                       // 单个字
                each = str.substring(left, left + 1);
                if (lib.stopwords.contains(each) == false)     //不是停用词
                    addResult(result, each);           // 单字,更新结果集
                left++;                                // 下次从下一个位置开始尝试
            }
        }
        List<Entry<String, Integer>> re = sortResultByTF(result); //结果排序
        return re;
    }
    //更新 result
    private void addResult(HashMap<String, Integer> result, String word) {
        if (result.containsKey(word)) {                // 结果中已有 word
            int val = result.get(word);
            result.put(word, val + 1);                 // 更新其词频
        } else
            result.put(word, 1);                       // 没有,添加进结果集
    }
    // 按词频对 result 排序
    private List<Entry<String, Integer>> sortResultByTF(HashMap<String,
            Integer> result) {
```

```java
        // result 转换为 List
        List<Entry<String, Integer>>list;
        list =new ArrayList<Entry<String, Integer>>(result.entrySet());
        // 使用 Collections.sort()进行排序,指定比较器 ResultComparator
        Collections.sort(list, new ResultComparator());
        return list;
    }
    private boolean isDigitalStr(String str) {        // 辅助方法,判断数字字符串
        try {
            Integer.parseInt(str);
        }
        catch (NumberFormatException e) {
            return false;
        }
        return true;
    }
}
```

④ 定义 TFCalculation 类实现分词过程的流程组织,代码如下。

```java
public class TFCalculation {
    public static void main(String[] args) {
        ChineseWordDict dict =new ChineseWordDict();              // 构建词库
        System.out.println("词库加载完毕...");
        ChineseWordParser parser =new ChineseWordParser(dict);//构建分词器
        System.out.println("分词器构建完毕...");
        BufferedReader br;
        String str ="", each;
        try {                                                    // 读入文本
            br =new BufferedReader( new InputStreamReader(new
                FileInputStream(".\\files\\lab12\\text.txt"), "UTF-8") );
            each =br.readLine();
            while (each !=null) {
                str =str +each;
                each =br.readLine();
            }
            br.close();
        } catch (IOException e) {
            e.printStackTrace();
        }
        // 调用方法进行分词
        List<Entry<String, Integer>>result=
                parser.forward_maximum_matching(str);
        System.out.println("分词结果:");
```

```
        for (int i = 0; i < 10; i++)
            System.out.print(result.get(i) +",");
    }
}
```

【运行结果】

程序运行结果如下。

```
词库加载完毕...
分词器构建完毕...
分词结果:
救助=35,人员=24,低保=22,特困=14,供养=12,加强=11,家庭=11,临时=11,社会=10,服务=9,
```

从结果可推测,这篇文档的主要内容是介绍救助贫困人员。

【扩展】

Java 语言有许多开源的第三方中文分词巩固,如 Jieba 分词、ICTCLAS、Ansj 分词等,其中封装集成了不同的中文分词算法,请查询资料学习。

12.5　基于哈夫曼编码进行字符编码与解码

【案例介绍】

哈夫曼编码是一种重要的无损压缩算法,于 1952 年由 Divid A. Huffman 在其博士论文 *A Method for the Construction of Minimum-Redundancy Codes* 中提出,在信息压缩中得到了广泛的应用。

哈夫曼编码是一种可变字长编码,即每个符号的编码长度是不相等的。哈夫曼编码的基本思想是:文件中每个符号的出现概率是不等的,每个符号的二进制编码的长度由该符号的出现概率来确定,出现越多的字符分配越短的编码,出现越少的字符分配越长的编码,使得最终的平均码长最短。

例如,在字符串"aaaaaaaabbbbccccddee"中有 a、b、c、d、e 等 5 个字符,共 20 个字符。每个字符的出现次数及概率如表 12-2 所示。

表 12-2　字符串中每个字符的出现情况

序号	字符	次数	概率
1	a	8	0.4
2	b	4	0.2
3	c	4	0.2
4	d	2	0.1
5	e	2	0.1

哈夫曼编码的过程如下:

首先统计出每种字符出现的频率,按频率降序排列;

① 找出频率最小的两个字符(d 和 e),组成一棵二叉树(此处简称 de 子树),两个分支上分别标注 0 和 1。此树的概率记为两个字符的概率之和(0.1+0.1=0.2)。

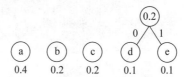

② 将其他三个字符(a、b、c)和 de 子树按频率降序排列,找出频率最小的两个字符(c 和 de 子树),组成一棵二叉树(此处简称 cde 子树),两个分支上分别标注 0 和 1。此图中假定,频率高的子树为 0,频率高的子树为 1;若频率相等,则左子树为 0,右子树为 1。此树的概率记为两个字符的概率之和(0.2+0.2=0.4)。

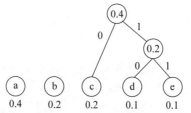

③ 将其他两个字符(a、b)和 cde 子树按频率降序排列,找出频率最小的两个字符(b 和 cde 子树),组成一棵二叉树(此处简称 cdeb 子树),两个分支上分别标注 0 和 1。此树的概率记为两个字符的概率之和(0.4+0.2=0.6)。

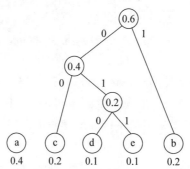

④ 将剩余的字符 a 和 cdeb 按概率降序排列,组成最终的二叉树,两个分支上分别标注 0 和 1。此树的概率记为两个字符的概率之和(0.4+0.2=0.6)。

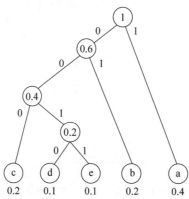

⑤ 每个字符的二进制编码是从根节点开始、到该字符结束的路径上所有标注的二进制位的组合，如表 12-3 所示。

表 12-3　各字符的编码

序号	字符	次数	概率	编码
1	a	8	0.4	1
2	b	4	0.2	01
3	c	4	0.2	000
4	d	2	0.1	0010
5	e	2	0.1	0011

从哈夫曼编码的结果来看，出现次数最多的字符 a 被分配了最短码字，出现次数最少的 d 和 e 则被分配了最长码字，这正是哈夫曼编码的基本思想。编码最终形成的树称为哈夫曼树。

按照以上编码，存储字符串"aaaaaaaabbbbccccddee"需要的空间为：
$$len=8\times1+4\times2+4\times3+2\times4+2\times4=44 \text{ 位}$$

每个字符的平均码长为：
$$ave=0.4\times1+0.2\times2+0.2\times3+0.1\times4+0.1\times4=2.2 \text{ 位}$$

如果按照固定最小长度进行编码，每个字符需要 3 位编码，则存储该字符串共需要 60 位。

哈夫曼编码所形成的码字并不唯一的，如上例中将概率大的字符标注为 1，概率大的字符标注为 0，反之亦可。但是无论如何分配码字，哈夫曼编码的平均码长是唯一的，即其编码效率是唯一的。当数据中各个符号出现概率越不平均，哈夫曼编码的效果越明显。哈夫曼编码经常用于数据的无损压缩。

请编写程序，针对字符串"aaaaaaaabbbbccccddee"构建哈夫曼树，并基于该哈夫曼树对输入的一组字符进行编码，对输入的一组编码进行解码。

【思路】

① 根据题意，需设计 HFMTree 类来表示哈夫曼树，设计 HFMNode 类表示树中的每个结点。针对给定的字符串，构建其对应的哈夫曼树，生成每个字符的哈夫曼编码。基于该编码表对特定字符串进行编码时，可能出现不在编码表中的字符，因此定义 UnknownCharacterException 异常类来表示。基于该编码表对特定编码串进行解码时，可能会出现不完整的编码，因此定义 WrongHFMCodeException 异常类来表示。最后，定义主类 HuffmanEncodeDecode 来进行整体流程的组织。各个类之间的关系如图 12-30 所示。

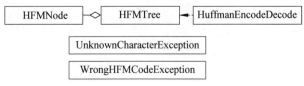

图 12-30　各个类之间的关系

② 首先定义好异常类 UnknownCharacterException 和 WrongHFMCodeException。UnknownCharacterException 类表示不在编码表中的异常情况,定义如下。

```
class UnknownCharacterException extends Exception {
    char ch;
    public UnknownCharacterException() {
        super();
    }
    public UnknownCharacterException(char ch) {
        super();
        this.ch =ch;
    }
    @Override
    public String toString() {
        return "UnknownCharacterException: no such character " +ch;
    }
}
```

WrongHFMCodeException 类表示编码不完整的异常情况,定义如下。

```
class WrongHFMCodeException extends Exception {
    public WrongHFMCodeException() {
        super();
    }
    @Override
    public String toString() {
        return "WrongHFMCodeException: incomplete code";
    }
}
```

③ HFMNode 类表示树中的每个结点,具有字符、出现次数(对应于上文中的概率)、左子树、右子树等属性。除了构造方法外,还重写了 equals()和 hashCode()方法,用于在构建哈夫曼树时查询是否已存在该结点。HFMNode 类实现了 Comparable 接口,用于建树时按出现次数进行结点的比较。HFMNode 类的设计如图 12-31 所示。

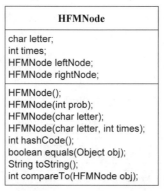

图 12-31   HFMNode 类

HFMNode 类的代码如下。

```java
class HFMNode implements Comparable<HFMNode>{   // 表示哈夫曼树中的结点
    char letter;                                 // 字符
    int times;                                   // 出现次数
    HFMNode leftNode;                            // 左孩子结点
    HFMNode rightNode;                           // 右孩子结点
    // 构造方法
    public HFMNode() {
        super();
    }
    public HFMNode(int prob) {
        this.times =prob;
    }
    public HFMNode(char letter) {
        this(letter, 0);
    }
    public HFMNode(char letter, int times) {
        this.letter =letter;
        this.times =times;
    }
    @Override
    public int hashCode() {                      // 重写,根据 letter 生成 hashCode
        final int prime =31;
        int result =1;
        result =prime * result +letter;
        return result;
    }

    @Override
    public boolean equals(Object obj){           // 重写,letter 相等时认为是同一个对象
        if (this ==obj)        return true;
        if (obj ==null)        return false;
        if (getClass() !=obj.getClass())    return false;
        HFMNode other =(HFMNode) obj;
        if (letter !=other.letter)      return false;
        return true;
    }
    @Override
    public int compareTo(HFMNode obj) {          // 实现接口,按照 times 比较大小
        if (this.times >obj.times)
            return 1;
        else if (this.times <obj.times)
            return -1;
```

```
        else
            return 0;
    }
    @Override
    public String toString() {
        return "Node[" +letter +"," +times +"]";
    }
}
```

④ HFMTree 类来表示哈夫曼树,由其根结点来表示,因此具有根结点属性 root。每棵哈夫曼树可以生成一组字符的编码,因此定义 codeMap 来存放"字符-编码"映射关系。构建哈夫曼树时应提供一组字符,因此需要定义带字符串参数的构造方法,并定义 3 个私有方法来辅助完成建树过程。基于该树可以进行字符串的编码,定义 encode(String)方法来实现。基于该树可以进行代码串的解码,定义 decode(String)方法来实现,同时定义私有方法 findNode(HFMNode node, char ch)来辅助完成解码过程。定义 printCodeTable()实现编码表的输出。HFMTree 类的设计如图 12-32 所示。

HFMTree
HFMNode root; Map<Character, String> codeMap;

HFMTree();
HFMTree(String data);
List<HFMNode> getNodeList(String data);
void creatHFMtree(List<HFMNode> list);
void creatHFMCode(HFMNode node, String coding);
String encode(String str);
void decode(String codes);
HFMNode findNode(HFMNode node, char ch);
void printCodeTable();

图 12-32　HFMTree 类

HFMTree 类的代码如下。

```
class HFMTree {                    // 表示哈夫曼树
    static HFMNode root;        // 根结点
    static Map<Character, String>codeMap;    // 存放 char->code 的映射
    public HFMTree() {
        super();
        codeMap =new HashMap<Character, String>();
    }
    public HFMTree(String data) {                // 根据 data 字符串构建哈夫曼树
        super();
        codeMap =new HashMap<Character, String>();
        // 调用私有方法 getNodeList(),根据 data 得到每个字符的 node 结点对象
        List<HFMNode>list =getNodeList(data);
```

```
        // 调用私有方法 creatHFMtree(),根据 list 构建哈夫曼树,根结点为 root
        creatHFMtree(list);
        // 根据构建好的哈夫曼树,生成各个字符的编码,存入 codeMap 中
        creatHFMCode(root, "");
    }


    // 私有方法,根据 data 统计每个字符的概率,生成 node 对象列表
    private static List<HFMNode>getNodeList(String data) {
        List<HFMNode>list =new ArrayList<HFMNode>();
        char[] chars =data.toCharArray();
        int len =data.length();
        for (int i =0; i <len; i++) {
            //生成第 i 个字符的 node 对象
            HFMNode node =new HFMNode(chars[i], 1);
            if (list.contains(node) ==false) {// list 中没有该字符
                list.add(node);                       // 添加 node 到列表中
            }
            else {                                    // list 中有该字符,只需更新概率
                for (HFMNode each : list) {
                    if (each.equals(node)) {    // 当前结点为第 i 个字符对应的结点
                        each.times++;               // 出现次数+1
                        break;
                    }
                }
            }
        }
        Collections.sort(list);                 // 对 list 进行排序(按出现次数)
        return list;
    }


    // 私有方法,根据 list 构建 Huffman 树,根结点存入 root
    private static void creatHFMtree(List<HFMNode>list) {
        HFMNode p =null;
        int n =0;
        while ( ! list.isEmpty() ) {      // 重复合并最小概率的两个结点,直至列表为空
            if (n !=0)
                list.add(p);
            HFMNode min2 =list.get(0);// 最小概率的结点
            HFMNode min1 =list.get(1);// 次小概率的结点
            p =new HFMNode(min1.times +min2.times); // 合并概率
            // 被合并的两个结点设为左、右孩子结点
            p.leftNode =min2;
            p.rightNode =min1;
```

```
                // 删除被合并的两个结点
                list.remove(min1);
                list.remove(min2);
                // 列表重新按照出现次数排序
                Collections.sort(list);
                n++;
            }
            // 最后形成的结点即为整棵树的根结点
            root = p;
    }


    // 私有方法，根据已生成的 tree 构建 Huffman 编码表，存入 map 中
    private static void creatHFMCode(HFMNode node, String coding) {
        // 初始时 coding 为""；每递归一次，coding 后连接 0 或 1
        if (node.leftNode != null)
            creatHFMCode(node.leftNode, coding + "0");    // 左子树，后接"0"
        if (node.rightNode != null)
            creatHFMCode(node.rightNode, coding + "1");   // 右子树，后接"1"
        // 到达叶结点时，存入 codeMap 中
        if (node.leftNode == null && node.rightNode == null)
            codeMap.put(node.letter, coding);
    }


    public void printCodeTable() {                          // 输出编码表
        System.out.println("total " + codeMap.size() + " characters");
        System.out.println(codeMap.toString());
    }


    // 根据编码表对 str 进行编码
    public String encode(String str) throws UnknownCharacterException {
        String line = "";
        for (int i = 0; i < str.length(); i++) {
            char ch = str.charAt(i);                        // 每个字符
            if (codeMap.containsKey(ch))
                line += codeMap.get(ch);     // 编码表中有该字符，得到其编码
            else                             // 编码表中无该字符，抛出异常
                throw new UnknownCharacterException( ch);
        }
        return line;
    }
    // 根据编码表对 codes 进行解码
    public void decode(String codes) throws WrongHFMCodeException {
        System.out.print("dncode result: ");
```

```
        char[] chs =codes.toCharArray();
        HFMNode node =root;                        // 开始时从根结点找
        for (int i =0; i <chs.length; i++) {
            node =findNode(node, chs[i]);   // 调用私有方法,从 node 开始找 chs[i]
            if (node ==null) {
                node =findNode(root, chs[i]); // 已到达叶结点,再次从根结点开始
            }
        }
        // 是叶结点,说明是完整编码,输出
        if (node.leftNode ==null && node.rightNode ==null)
            System.out.println(node.letter);
        else                                       // 不是叶结点,不完整编码,抛出异常
            throw new WrongHFMCodeException();
    }


    // 私有方法,从 node 开始,在孩子结点中找 ch
    private HFMNode findNode(HFMNode node, char ch) {
        // ch 为 0,返回左孩子结点,下一次在左子树中找
        if (node.leftNode !=null && ch =='0')
            return node.leftNode;
        else if (node.rightNode !=null && ch =='1') {
            // ch 为 1,返回右孩子结点,下一次在右子树中找
            return node.rightNode;
        }
        System.out.print(node.letter);             // 到达叶结点,输出字符,返回 null
        return null;
    }
}
```

⑤ 主类 HuffmanEncodeDecode 进行整体流程的组织,其中应实现异常处理,代码如下。

```
public class HuffmanEncodeDecode {
    public static void main(String[] args) {
        HFMTree tree =new HFMTree("aaaaaaaabbbbcccccddee");
        tree.printCodeTable();
        String data, code;
        Scanner scn =new Scanner(System.in);
        System.out.print("Input a string to encode(abcd):");
        data =scn.nextLine();
        try {
            code =tree.encode(data);
            System.out.println("encode result: " +code);
        } catch (UnknownCharacterException e) {
```

```
        System.out.println(e);
    }
    try {
        System.out.print("Input a string to dcode(0/1):");
        code =scn.nextLine();
        tree.decode(code);
    }
    catch (WrongHFMCodeException e) {
        System.out.println(e);
    }
    scn.close();
    }
}
```

【运行结果】

程序运行结果如下。

```
total 5 characters
{a=11, b=00, c=01, d=100, e=101}
Input a string to encode(abcd):ababcab
encode result: 11001100011100
Input a string to decode(0/1):10110001000000
dncode result: edcbbb

total 5 characters
{a=11, b=00, c=01, d=100, e=101}
Input a string to encode(abcd):abcdef
UnknownCharacterException: no such character f
Input a string to decode(0/1):10110
dncode result: eWrongHFMCodeException: incomplete code
```

【扩展】

读入一个全部由英文字符组成的文本文件,计算 ASCII 码和哈夫曼编码的压缩比。

图书资源支持

感谢您一直以来对清华版图书的支持和爱护。为了配合本书的使用，本书提供配套的资源，有需求的读者请扫描下方的"书圈"微信公众号二维码，在图书专区下载，也可以拨打电话或发送电子邮件咨询。

如果您在使用本书的过程中遇到了什么问题，或者有相关图书出版计划，也请您发邮件告诉我们，以便我们更好地为您服务。

我们的联系方式：

地　　　址：北京市海淀区双清路学研大厦 A 座 714

邮　　　编：100084

电　　　话：010-83470236　　010-83470237

客服邮箱：2301891038@qq.com

QQ：2301891038（请写明您的单位和姓名）

资源下载： 关注公众号"书圈"下载配套资源。

资源下载、样书申请

书圈

获取最新书目

观看课程直播